阅读成就思想……

Read to Achieve

治愈系心理学系列

爱情小满
成为更好的我们

徐一博　袁　媛 ◎ 著
邱丽娃 ◎ 审校

中国人民大学出版社
· 北京 ·

图书在版编目（CIP）数据

爱情小满：成为更好的我们 / 徐一博，袁媛著. -- 北京：中国人民大学出版社，2024.6
ISBN 978-7-300-32844-7

Ⅰ. ①爱… Ⅱ. ①徐… ②袁… Ⅲ. ①情感—研究 Ⅳ. ①B842.6

中国国家版本馆CIP数据核字(2024)第101680号

爱情小满：成为更好的我们

徐一博　袁　媛　著
邱丽娃　审校
AIQING XIAOMAN：CHENGWEI GENGHAO DE WOMEN

出版发行	中国人民大学出版社		
社　　址	北京中关村大街31号	邮政编码	100080
电　　话	010-62511242（总编室）	010-62511770（质管部）	
	010-82501766（邮购部）	010-62514148（门市部）	
	010-62515195（发行公司）	010-62515275（盗版举报）	
网　　址	http://www.crup.com.cn		
经　　销	新华书店		
印　　刷	天津中印联印务有限公司		
开　　本	890 mm×1240 mm　1/32	版　次	2024年6月第1版
印　　张	7.875　插页1	印　次	2024年6月第1次印刷
字　　数	176 000	定　价	69.90元

版权所有　　侵权必究　　印装差错　　负责调换

推荐序一

邱丽娃
萨提亚家庭系统治疗资深讲师
隐喻故事疗法资深讲师

联结自我与他人[①]

让你变成一个与自己所有的部分紧密联结的人，
自由地产生选择，并能够创造性地、自如地运用这些选择。
了解过去发生了什么，
什么是我们可以做到的最好，
因为它代表了我们所知道的最好，
随着我们知道得越来越多，
我们的意识越来越清醒，
我们也因此变得与自身的联结更加紧密。

[①] 萨提亚.萨提亚家庭治疗模式（第二版）[M].北京：世界图书出版公司，2018.

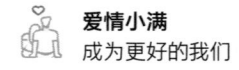

而通过与自我的联结，

我们可以形成与他人的联结。

维吉尼亚·萨提亚（Virginia Satir）的这首小诗，提示我们只要**了解自己的过去、与自己的关系越来越好，就能通过与自我的紧密联结实现与他人的顺畅联结。**

都说中国式的婚姻不仅是两个人的婚姻，更是两个原生家庭的交集。这意味着婚姻中的两个人会受到各自原生家庭的影响，双方生活在一起后，必然会在相处过程中带着很多来自原生家庭的成长痕迹。因此，要想从两个独立的个体到"更好的我们"，就有必要从家庭系统的角度来解开两个人之间的结。从萨提亚模式的角度来看，更需要从两个人的内在系统——"冰山"——来看看两个人的内在究竟发生了什么。这样的成长历程，也就是**先与自己联结，再与他人联结。**

在《爱情小满：成为更好的我们》这本书中，作者徐一博和袁媛就是从这些角度来说明，处于亲密关系中的两个人在日常互动中发生的一些冲突、矛盾、意见分歧等，是由原生家庭成长过程中的哪些经历所引发的，以及需要对冰山的哪个层次进行调整。探索之后，他们又做了进一步的解析、梳理，让人们更清晰地明白自己的内在发生了什么，进而促进彼此的了解，改善亲密关系。

处于亲密关系中的两个人在日常相处中的沟通是否顺畅，影响着他们的心理距离和交心程度。萨提亚在《联合家族治疗》（*Conjoint Family Therapy*）这本书中指出，沟通的抽象层次是"认可我"。

推荐序一

从最高抽象层次的观点来看，所有的信息可以呈现一个特质，即"认可我"的信息。"认可我"可以做下列诠释："同意我""站在我这边""借着安慰我以表示对我的认可""借着肯定我的价值和看法以表示对我的认可"。

人们在沟通时，很少用语言直接说出要求他人同意自己或要求别人做些什么。他们之所以不这么做，是因为他们有急迫的愿望，希望自己得到肯定，获得别人的合作，至少能得到他们所期待的反应。[1]

这段叙述反映出在沟通时，一般人内心期待着被认可，但却很少能清楚地表达出来，这就往往会造成两人的隔阂。因此，如何越过障碍、让彼此真正相遇，正是本书想要传递给大家的。

徐一博和袁媛从事心理咨询多年，在实践工作中积累了很多的案例，并将其中的一些案例放入这本书中。值得一提的是，他们还以故事这种引人入胜的方式将萨提亚模式关于亲密关系的理论呈现出来，因此案例也便成了"故事中的故事"了。

萨提亚曾说，**察觉是改变的开始，体验让改变发生。**

本书中的案例给了我们察觉的机会，让我们在阅读的过程中不禁思考：我们自己的亲密关系是不是与案例有些相似？我们当时经历了什么？是如何处理的？背后的原因可能是什么？

这些案例以及由此梳理出来的原因，为我们提供了一面镜子，能让我们对亲密关系中存在的冲突有更为精准的认知。

---

[1] 萨提亚. 联合家族治疗 [M]. 台北：张老师文化，2006.

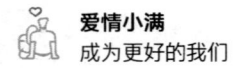
爱情小满
成为更好的我们

有了察觉认知之后，接下来就是体验了——**"体验让改变发生"**。本书每章最后都有一些练习，能让我们从察觉进入练习，实现改变。

期待大家进入"故事中的故事"，跨越与自己联结的障碍，越过亲密关系的阻拦，与伴侣真正地相知、相遇，携手向前走！

推荐序二

柏燕谊
北京市婚姻家庭研究会副会长、
CCTV 特邀心理专家、畅销书作家

在亲密关系中，我们爱的是什么？《爱情小满：成为更好的我们》这本书从自我说起，到亲密关系彼此的自我被照亮而终。**我们的一切，包括爱，终究是围绕着"自我"而构建的。**

在恋爱中，我们会把理想的自我投射到对方身上，这就是我们常说的"情人眼里出西施"。

在我做的一期节目中，一位先生在讲述自己第一段婚姻时，感叹他和前妻刚相识时，那个来自偏远地区的、出身于重男轻女家庭的、刚大学毕业的、胆怯的女孩对身为大学老师的他无比崇拜，这令他有一种化身为拯救者的感觉。后来，女孩成熟了，褪去了青涩，在毕业后创业成功，越发挑剔他是个一眼能望到底的穷教书匠，最

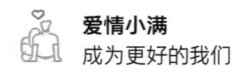

终两人不欢而散。

在刚结识第二任妻子时，女人是一名美丽干练的企业高管。他对她颇有好感，但并没有想过和她发展情感关系。两年后，两个人再次偶然重逢，男人得知女人在年轻时就患有严重的风湿病，一年多前，风湿病越来越严重，工作和生活都严重受到了影响。这时，男人内心拯救者的角色被激活，他义无反顾地担负起照顾这个女人的责任。两人惺惺相惜，都感到非常幸福，终于步入了婚姻殿堂。

这位先生出身于多子女家庭，原生家庭的经济条件较差，再加上他从小就身体羸弱总生病，父母对他远没有对待他的哥哥和妹妹那般亲密。他一直希望用自己的好成绩、好工作来获得父母的认可。他形容自己是"用强大来武装软弱"。

虽然他的这两任妻子看似截然相反，但是她们有着共同的特质——既有脆弱的、需要被拯救的部分，又有坚强、不放弃的性格。

对这位先生来说，与这两任妻子的相遇绝非偶然。

这两任妻子，或者说有这类特质的女性，会对他产生吸引力。因为在这样的关系模式中，他既脆弱又坚强的状态能在想象中获得懂得、珍惜。

从本质上说，爱情的发生与眼前的人关系不大，往往取决于我们与内在气质能吸引我们的那个人碰撞出的感觉。因此，在恰当的时机，我们可以爱上任何一个拥有吸引我们的内在气质的人。

由此可见，跟谁谈恋爱都不重要，重要的是恋爱本身那种完美的、甜蜜的、心心相印的、朝思暮想的感受。不过，在激情消退后，对方以更完整的状态呈现在我们面前时，有的人能与对方较好地融合,有的人能与对方平静地分手,还有的人则与对方相爱相杀、不死不休。方式的不同,其实取决于我们与自己的关系是和解的还是冲突的。

在亲密关系中,我们更习惯于将对方作为镜子,把对自己很深的情感期待通过对待镜子里的人完成情感投注。看起来我们爱的／恨的／厌烦的是对方,实则爱的／恨的／厌烦是我们自己。

健康的爱绝非如此。健康的爱,是双方能在享受彼此美好部分的同时,还能在彼此不完美的部分上尽量理解、接纳、互补。就像《爱情小满:成为更好的我们》一书中讲到的,**我们不仅要与对方身上符合我们期待的部分相处,更要学会和对方身上不符合我们期待的部分、让我们失望甚至绝望的部分相处**。这本书揭开了没有成为"我们"的两个人的"亲密"面纱之下隐藏着的情感冲突与碰撞,并一步步地带着想成为"我们"的爱人们彼此照亮。

推荐给每一位为爱彷徨的人细细品读!

自　序

在成长过程中，很多人伴随着父母相处中的磕磕绊绊。这导致人们常常会无意识地认为，亲密关系中出现磕磕绊绊是再自然不过的事。

在长大获得亲密关系后，人们才真正体会到那些磕磕绊绊中的酸甜苦辣。有时，人们难免会有这样的疑惑：

- 我的父母到底是如何做到能够忍受这些苦楚而没有选择分开的呢？
- 和他[①]在一起，他好像永远也变不成我想要的样子，要分开吗？如果分开了，那么遇见的下一个人能是我想要的人吗？
- 他为什么不能为我变成那个样子呢？是他不够爱我吗？要是足够爱一个人，不就应该为对方彻底改变吗？每当我这么说的时候，他都会说："你要是足够爱我，那么你为什么不愿意为我彻底改变呢？"他这么说好像也有道理，那这是不是说明我不够爱他？

---

① 为了便于阅读，这种泛化地指代对方的人称代词在本书中会统一使用"他"，而非仅指代男性。

- 我和他是不是不合适？可是那些过来人又跟我说，没有人是为我量身定制的，难道说我这辈子都找不到一个合适的人了吗？
……

对很多人来说，这些问题最终很可能会成为其"人生悬案"，有破解之心却难有破解之法。人们便会面临两种选择——要么选择忍受现实，要么选择孤独终老，但这似乎都不是人们想要的结果。

可是，真的只能如此吗？

就像在一个迷宫中，只要有人找到了出去的路，后面的人就可以沿着这条路走出困境。

对于处理亲密关系的磕磕绊绊，著名的家庭治疗取向的心理学大师维吉尼亚·萨提亚就是那个找到了出路的人。她经过数十年的摸索，创建了萨提亚治疗模式（后文简称"萨提亚模式"），这套模式堪称一幅能够帮助人们走出关系困境的翔实地图。如今已有很多人借助这幅地图走向了幸福的关系，走向了美好的生活。

虽然我们在《美好生活方法论：改善亲密、家庭和人际关系的21堂萨提亚课》一书描绘了这幅地图的全貌，但如何在亲密关系的各个领域中用好这幅庞大的地图，仍是一个尚未解决的问题。

设想一下，假如一个人想去一个陌生的国家旅行，只要手握这个国家的地图就能在这里轻松旅行了吗？还不行，因为他还缺乏一幅可以指导其具体行动过程的路线图。

因此，为了更好地解决亲密关系领域的实际问题，本书并不是无所不包的庞大地图，而是萨提亚模式在亲密关系领域实际应用的

自 序

具体路线图。书中不仅展示了这条道路是真实存在的，还提供了具体的路标和走法。

希望本书可以帮助处于亲密关系困境中的人，让他们无须去选择内心并不想接受的忍受现实或孤独终老，而是可以看到并选择更好的第三条路——从两个独立"**自我**"走向一个整体"**我们**"的旅程，让亲密关系的双方携手共创可以滋养彼此、照亮彼此的亲密关系。

除了提供实用的路线图，我们还希望能本书给你的心灵带去温暖。如何才能用文字温暖那些处于亲密关系冷冬中的人呢？什么样的文字才不是冰冷生硬的而是有温度的呢？

故事，对，就是故事—— 一个从亲密关系的寒冬走向温暖的故事，一个包含萨提亚模式智慧的故事，一个能够让人看到、看懂自己生活的故事。

我们真心希望故事中这对夫妻的学习和成长，可以发生在每一位阅读本书的人身上；希望处于亲密关系中的人不再背对难眠，而是可以幸福地相拥入睡；希望每个人都不再只是做一个被动等待生活赐予幸福的人，而是做一个能主动创建幸福生活的人；希望每段亲密关系都能达到刚刚好的小满状态！

请允许我们，把萨提亚的期待与祝福送给每一个阅读本书的人：

（愿）内在和谐！人际和睦！世界和平！

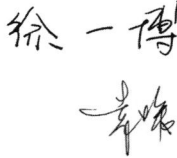

XI

目 录

第一部分　从两情相悦到彼此生厌

第 1 章　遇见你之前，我只是我　/003
　　　　独自的生活：原生家庭中孕育的"自我"

第 2 章　好想遇见你，我的理想伴侣　/020
　　　　幻想的伴侣：基于自我生活愿景设想的伴侣蓝图

第 3 章　找到你，我就是世界上最幸福的人　/034
　　　　美好的开始：伴侣蓝图和认知滤镜的相互作用

第 4 章　当多巴胺退去时，仿佛爱也淡了　/049
　　　　沟通的分歧：沟通问题造就的关系鸿沟

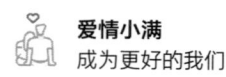

第 5 章　争吵、冷战成了爱情最狰狞的模样　/065
　　情绪的冲撞：情绪斗争的恶性死循环

第 6 章　吵不动了，也爱不动了　/082
　　观点的战争：观点冲突的不断升级

第 7 章　原来骑白马的不一定是王子　/100
　　关系的危机：自我幻想的破灭

第二部分　走出关系困境，让爱在彼此的救赎中浴火重生

第 8 章　横亘在爱情关系间的"冰山"　/117
　　危机的本质：两座"冰山"的相撞

第 9 章　与其在家庭式内耗中互相折磨，不如滋养好彼此　/134
　　问题的解法：从斗争走向融合的旅程

第 10 章　治愈童年创伤，才能改变彼此的相处模式　/151
　　软化的模式：重建自我与开启新生活

第 11 章　双向奔赴，余生你是我的欢喜　/165
　　融合的启动：愿景整合与相向而行

目 录

第 12 章　唯有爱，才能融化彼此内心的坚冰　/181
　　真正的交融：彼此冰山系统的全面融合

第 13 章　换种方式沟通，也许我们就能好好相处了　/196
　　超越的沟通：拥有突破过往模式的沟通

第 14 章　未来很长，有你携手前行真好　/213
　　更好的我们：彼此照亮，共筑美好生活

参考文献　/227

后　记　/229

第一部分

从两情相悦到彼此生厌

第 1 章

遇见你之前,我只是我

独自的生活:原生家庭中孕育的"自我"

好的亲密关系,就是一段从两个"独立的自我"走向一个"整体的、更好的我们"的旅程。

今天是个轻松的星期五,丈夫齐维哲大展厨艺,尤其是双椒炒驴蹄筋,让妻子甄柔嘉颇为称赞。

饭后,甄柔嘉依偎在沙发上,习惯地双手抓挠着那只黏人的小猫,望着窗台下的富贵竹,心头存在已久的叹息又不自觉地跳了出来。

甄柔嘉叹了口气,说道:"为什么我总感觉我和你相处起来这么难呢?"

齐维哲一怔,继而说道:"其实吧,我也有这种感觉,我也觉得我们确实很难沟通,好像我和你永远都不在同一个频道上。"

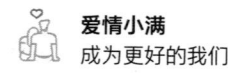

甄柔嘉有些生气地说："那还不是因为你根本就不会哄我吗？！每次我心情不好的时候，可能的确有点任性，你都会觉得我是在耍小孩子脾气，可这是我的问题吗？"

齐维哲急了，说道："你怎么能说我不哄你呢？每次刚把你哄好，没多久，你就又有新的情绪了。我偶尔哄你一次两次还行，但要是隔几天就得哄一次的话，我还能做其他事情吗？！"

甄柔嘉瞪圆了眼睛，说道："这是我的错吗？！还不是因为你说话从来都不考虑我？！否则我怎么会总不高兴呢？"

齐维哲既生气又委屈地说道："我怎么没考虑过你呢？！你看看别的夫妻，还有像我这样考虑你的吗？真不是我不考虑你，是你太过于任性了！"

…………

这样的对话持续了将近半个小时。

甄柔嘉吵累了，瘫在沙发上，幽幽地说道："哎，算了算了，每次聊这个话题咱俩都是这样，还是别聊了。在一起这么多年了，为什么我还是感觉咱俩之间像是有什么隔阂，始终你是你、我是我呢？"

齐维哲低着头说道："这个你倒是说对了，但我也不知道为什么会这样。"

甄柔嘉眼睛一亮，说道："老公，咱们去跟心理咨询师聊聊如何？你要是愿意跟我一起去，那么咱们可以找找我的同学老张——上学时我们就这么称呼他。老张大学毕业后曾在外企工作了几年，后来转行学习心理学了,现在是一位很不错的心理咨询师,在行业里还挺有名气的。"

齐维哲不知道心理咨询师能对他们的婚姻起什么作用,但又不好扫妻子的兴,迟疑了一会儿后就答应了。

一个星期之后,甄柔嘉和齐维哲一起来到了老张的工作室。寒暄了几句后,甄柔嘉直奔主题:"我们已经在一起七年了,但现在我们都对这段婚姻感觉很沮丧。我俩都越发觉得这像是一种负担,不仅不能给我们带来任何快乐,甚至让我们感觉到窒息。"她看了一眼坐在一旁的齐维哲,低着头说,"其实,我曾考虑过要不要离婚……但思来想去后,决定还是再跟他生活一段时间试试看。所以,我们想请你给我们也做做咨询。人家都说,'好的婚姻应该是从两个人到成为我们',为什么我和他在一起七年都没有成为'我们',还各自是各自呢?"

老张笑着说道:"哎呀!咱们都这么熟悉了,还什么咨询不咨询的,就当是一起学习探讨吧!"

气氛一下子缓和下来,甄柔嘉和齐维哲也相视一笑,并对老张笑着点了点头。

老张说道:"**在婚姻中的两个人,如果能感受到被对方欣赏、理解、支持,感受到被对方的爱滋养着,就会感觉是幸福的,就会感觉自己和另一个人融合在了一起,成为'我们';如果感受不到这种融合,就不能成为'我们',这种亲密关系就会是痛苦的,两个人相爱相杀、同感窒息。**不过,你们只是成千上万个没有成为'我们'的伴侣之一,这并不是什么稀奇的事情,甚至有许多人并不觉得这是什么大问题。事实上，这种没有成为'我们'的状态，是大多数处于亲密关系中的伴侣都会经历的。有些伴侣没有成功地成为'我们'，虽然出于某些考虑没有分开，但终究失去了幸福；有些伴侣选择了分开，成了最熟悉的陌生人，却依旧在记忆中彼此折磨；有些伴侣可谓'关关难过关关过，步步难行步步行'，历经重重磨难，相守余生。"

甄柔嘉问道："两个独立的个体成为一个'更好的我们'真的就这么难吗？"

老张说道："从实际情况来看，经营好亲密关系并让两个原本独立的个体成为'更好的我们'的确不容易，但也并非所有人都这样觉得。正如我们在生活中常说的，'难者不会，会者不难'。其实，对于同一件事来说，并非所有人都觉得难，之所以有的人感觉难，只是因为他们不会。就像考试一样，会的人都觉得很简单，只有不会的人才会觉得很难。"

坐在一旁一直没吭声的齐维哲听后有了兴致，问道："那我们的这个难题该如何解决呢？"

老张拿出一张纸，慢条斯理地边说边在纸上写写画画："首先，我们需要探讨一个最基本的问题——个体对亲密关系的认识的不同模式。个体对亲密关系的认识有两种模式，一种是固态的，一种是液态的，这两种模式会影响个体处理亲密关系的方式和方法。

"什么是对亲密关系的固态认识？所谓'固态'，就是静止、稳定的意思，很像是坚固的岩石。许多人会认为两个人成为情侣或是进入婚姻后就算修成正果了，后面只需追求稳定就好了，理所当然地觉得稳定就是亲密关系本身应该具有的状态。如果有这样的认识，就会产生两种互动情形——在亲密关系没有问题的时候，个体会认为它现在是稳固的，便把注意力放在了其他的地方；在亲密关系出现问题的时候，打破了原来稳定所带来的舒适，个体的各种负面情绪也就被激荡出来了，进而不断地要求对方做出改变，以使问题得到解决，但这样的要求只会让彼此更加频繁地争吵，最终都认为是对方导致关系出现了问题。

"我们再说说对亲密关系的液态认识。所谓'液态'，就是动态、波动的意思，很像是波动的水流。事实上，亲密关系并不是稳定的，而是时刻变化的。因为人本身就是无时无刻变化着的有机体。如果个体能够认识到这一点，就可以在亲密关系的相处过程中注意到一个又一个波动的存在，进而进行动态的管理和经营。'冰冻三尺非一日之寒'这句话反映了问题发展的规律。事实上，亲密关系中后期的吵架并不是突然形成的，而是因为前期没有注意到那些波动——也就是不良的互动模式——而逐渐发展形成的。有了这样的认识，就能产生动态管理的思维了，从而在亲密关系全过程的动态变化中做到时刻关注、即时调整。不仅如此，这还能让双方产生防微杜渐的思维，也就是说，为了能够让亲密关系得到长远的发展，便在亲密关系发展的各个时期，尤其是前期，对各种潜在的问题进行调整，以避免其形成真正的问题，从而降低产生剧烈矛盾或关系破裂的可能性。"

说到这里，纸上已清晰地呈现了两种模型的对比（见表 1-1）。齐维哲和甄柔嘉若有所思地点了点头。

表 1–1　　　　　　　　　对亲密关系的认识的两种模式

	固态认识	液态认识
隐喻	坚固的岩石	波动的水流
想法	亲密关系是静止、稳定的	亲密关系是动态、波动的
行动	没有问题的时候，就不关注亲密关系，放任潜在问题在暗处发展；出现问题的时候，就向对方提出要求，想要改变对方以解决问题，回到稳定的状态	为了经营亲密关系，对亲密关系全过程进行动态管理，时刻关注、即时调整；为了预防问题的产生，及时调整和解决亲密关系中的各种潜在问题

老张继续说道："对亲密关系的液态认识，能让我们更好地透过相处的点点滴滴看到关系的动态变化，这种认识在本质上能帮助我们重新把注意力关注到亲密关系的发展过程上。虽然每个进入亲密关系的人都想获得'执子之手，与子偕老'的美好结局，但如果缺乏了对过程的把控，就会像种了一颗种子后却不去照料它，这颗种子自然会走向枯萎和衰败，而不是生长和繁荣。这对于亲密关系来说，也是一样的。也就是说，只有基于对亲密关系的液态认识，才能体会到亲密关系的本质不是一个固态稳定的结果，而是一段充满波动和变化的旅程。"

听到这里，甄柔嘉轻叹了口气。

老张稍作停顿，然后继续说道："更具体而言，**好的亲密关系，就是一段从两个'独立的自我'走向一个'整体的、更好的我们'的旅程**。更形象地说，请你们举起双手，如果把左手作为起点，它就是两个'独立的自我'，也就是两个人，走进亲密关系的那个时刻；如果把右手作为终点，它就是两个人经过共同的努力拥有了能够彼此照亮、共筑美好生活状态，最终成了'更好的、整体的我们'

第一部分
从两情相悦到彼此生厌

的时刻。而从左手到右手，也就是从起点到终点，的这个过程该如何走，则是身处亲密关系中的每个人都需要学习的。接下来，我们可以每个星期见一次面，我们将通过分享和讨论来学习如何走好这个过程，具备从'我'到'我们'的能力。"

甄柔嘉感叹道："起点和终点的这个比喻还挺形象的，我们已经在一起七年了，原来还是一直在起点打转呢！"

老张笑着说道："你说这个既对又不对，你是否注意到了我刚刚说到起点时，原话怎么说的？两个'独立的自我'——你们只是相遇了，但各自的'自我'距离具备独立的条件，还欠着功课呢！"

"'自我'？欠功课？！"齐维哲和甄柔嘉不约而同地问道。

老张点了点头，说道："'自我'是心理学中的一个概念，是一个个体在内心对'我'，也就是自己，的全部感受，这些关于'自我'的感受是构建知觉的基础，它们强烈地影响着个体的信息收集、决策判断和人际交流的方式，因此自我在心理学研究领域中也一直是一个非常重要的探讨议题。

"甄柔嘉应该知道的，我擅长用萨提亚的理论帮助人们解决问题。那么，'自我'这个概念在萨提亚模式中有着什么样的含义呢？在萨提亚理论中，常常用冰山的隐喻来帮助人们看到自己心理的更深层次，自我是冰山理论的基石，也就是人们心理运作围绕着的核心部分。

"我们的自我就是在原生家庭成长的过程中逐渐形成的，而自我又决定了个体心理的基本运作方式。讲到这里，就不得不提一下原生家庭了，也就是一个人从出生到成年之前，与父母一起生活的家庭。就像种子的生长离不开阳光、空气、水和土壤,自我的形成也离不开环境的塑造。

"原生家庭给予了我们很多,就像任何事物的存在都具有两面性,原生家庭这个生长基也不是所有的条件都是好的,其中还会包含一些限制性的因素。其中,好的因素会成为养分,促进个体发育;坏的因素会成为毒素,可能会成为个体未来潜在问题的基础。"

听老张讲了这么多,齐维哲和甄柔嘉沉默许久,慢慢消化这些信息。

过了一会儿,齐维哲问道:"如何才能了解一个人在原生家庭中塑造出的自我呢?"

老张说道:"我们得先聊聊原生家庭塑造自我的一般原理。"说着,他又拿出一张很大的纸,列出一个表格后,边说边在表格中填充(见表1–2)。

表 1–2　　　　原生家庭如何塑造个体的自我

原生家庭	原生家庭是每个个体成为生命体后的第一个重要环境,是个体成年之前的全部或主要世界,因此原生家庭中存在的重要性、频发性的因素,会成为塑造个体心理的强大力量。这些塑造因素包括自身感受(个体对原生家庭中经历的整体直观感受)、行为准则(萨提亚中的家规),以及思想认同(一般意义上的文化)		
塑造因素	自身感受(经历)	舒适	这个部分是原生家庭中让个体感到舒适的经历所引发的感受,个体无意识地想要继续保持这些感受,因而努力去维持能够创造这些感受的客观条件 举例:A喜欢原生家庭中轻松的感受,这使A渴望轻松感,在日后的生活中仍然希望自己可以在工作、亲密关系中保持轻松的状态

续前表

塑造因素	自身感受（经历）	痛苦	这个部分是原生家庭中让个体感到痛苦的经历所引发的感受，个体无意识地想要继续远离这些感受，因而努力去维持能够创造远离这些感受的客观条件 举例：A对于原生家庭中缺乏边界感、彼此过度干涉空间感到十分烦恼，严重时甚至会感觉到痛苦，这导致A渴望空间感，因而努力想要在以后的生活中创造拥有充足个人空间的感受
	行为准则（家规）	应该	这个部分是原生家庭中被认为"正常"的行为范围和行动方式，这些常态的行为准则会成为个体习以为常的行动范围和默认正确的行动方式 举例：在A的原生家庭中，大家都习惯于要把情绪表达出来，所以A习惯性地认为把情绪表达出来是一种常态的行为。如果别人不是这样做的，A就会觉得这个人不正常
		不应该	这个部分是原生家庭中被认为不被允许的行为范围和行动方式，它们不能够、不允许被表达，个体对做这些不被允许的行动范围和行动方式的冲动需要被压抑和阻止 举例：在A的原生家庭中，不收拾干净就睡觉是不被允许的。因此，A习惯性地认为哪怕是自己已经很累了，也要压抑想休息的感受，只有强忍着疲惫收拾干净才可以去睡觉。如果别人不是这样的，A就无法理解
	思想认同（文化）	认同	这个部分是个体对原生家庭中某些思想、文化内容持有崇尚态度的部分，它们组成了个体的思想，与这些思想一致的一切才是被赞许的 举例：A比较认同原生家庭中尊重彼此空间的思想，认为这能让每个人都有足够的自由。如果别人表达了相反的观点，A就会否定这种表达，甚至可能会与对方发生争执

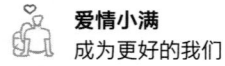

爱情小满
成为更好的我们

续前表

塑造因素	思想认同（文化）	排斥	这个部分是个体对原生家庭中某些思想、文化内容持有否定态度的部分，它们形成了个体的思想禁区，和这些思想一致的一切都是不允许的 举例：A很排斥原生家庭中父母总是自以为是的思维习惯，因而A认为像父母这样固执己见是错误的，会伤害别人。如果A看到别人很固执己见，他就会产生强烈的情绪，并想要改变对方的坚持
自我结构	实际自我		经过了诸多塑造因素的影响后，个体形成了独特的实际自我，这个实际自我集合了个体的行为准则和思想形态等最核心的心理属性设定。在这些实际自我的基础之上会形成个体的自我概念，这些自我概念一般会表达为"我是一个……样的人" 举例：A认为"我是一个喜欢轻松的人，我是一个喜欢有一定个人空间感的人，我是一个愿意表达情绪的人，我是一个爱干净的人，我是一个能够尊重彼此空间的人，我是一个不喜欢固执己见的人"
	自我评价	正面	对于实际自我的某些方面，个体会有正面的自我评价，他们喜欢自己的这些样子，他们希望这些方面可以增加 举例：A觉得善于表达情绪是自己的优点，因为能够表达情绪就能促使彼此产生更加深层的沟通，这会促使自己能够和别人进行更加融洽的沟通
		负面	对于实际自我的某些方面，个体会有负面的自我评价，他们讨厌自己的这些样子，他们希望这些方面可以减少 举例：A觉得自己常对过于固执己见的人产生强烈的情绪是自己的一个缺点。有时对方可能并非固执己见，只不过是在坚持自己认为正确的看法，A就暴跳如雷了，这样很伤害彼此的关系，也时常让别人觉得自己是一个非常易怒的人

续前表

自我结构	理想自我	理想自我就是在个体在实际自我基础上提高了正面评价的比重、减少了负面评价的比重后,最终形成的自我样貌的愿景,这是一个个体希望自己能够拥有的样子,通向这个样子的过程一般被称作"自我完善" 举例：A觉得自己更加理想的样子是"不仅能运用好表达情绪的优势,还能减少自己情绪失控的状况"。A认为,如果自己能够这样,他的生活以及和周围人的关系就会变得更好
自我		原生家庭塑造出的自我并非一个简单、孤立的概念,而是一个多层的自我系统,这个自我系统包括实际自我、自我评价和理想自我。这整个系统就是个体走向亲密关系之前的核心设定（有点像游戏中的初始人物属性设定）,这些设定会塑造个体在亲密关系中的知觉方式、感受方式、应对方式、行动方式等

甄柔嘉看了看老张写得满满当当的一页纸,有点不知所云,问道："你说的这些让我感觉好复杂啊！了解'自我'对于改善亲密关系有什么帮助呢？"

老张说道："关于改善亲密关系,通常有两种方式。一种是通过改善沟通模式来改善亲密关系,另一种是通过自我完善来改善亲密关系。

"学习一些沟通技巧确实能改善双方的沟通效果,但许多人后来渐渐发现这些沟通技巧完全无法在情绪失控的情况下使用。也就是说,人一旦情绪失控,就会把所有的沟通技巧抛在脑后。为什么会这样呢？因为自我没有变化,那些核心的自动化机制都还在,彼此的关系难以得到根本的改善,在那些重大分歧出现的时候,双方还是会陷入彼此自动化机制所造就的冲突死循环之中。

"如果我们通过学习，获得了自我的完善，提升了自我的价值感，那么两个'独立的自我'就会自然而然地走向一个'整体的、更好的我们'。因为自我的完善会带来自我的彻底改变，自我的变化会带来思维模式、情绪机制和应对模式的涟漪性变化，人们在这样的关系中会感觉更轻松、更自在，自然也就更亲密。就是个人的转变，带动了关系产生根本的改变。"

齐维哲连忙问道："有什么更具体的方法吗？"

老张说道："要想了解自己被原生家庭塑造出了什么样的自我，以及这样的自我对于自己的亲密关系又会产生什么样的影响，可以这样做。"

关于引发负向感受的事件的探索

第 1 步：回顾频繁引发你负向感受（情绪波动/深感压抑/内心冲突）的事件，梳理典型的事件触发点。

这里的"感受"指的是我们在经历事件时的内在体验。事实上，人们并非对自己所有的感受都是一视同仁的。有些感受令人们喜欢并向往，我们称之为正向感受；还有些感受则会让人难以接受、想要逃离，我们称之为负向感受。

看到自己的这些负向感受并描述出来，对人们来说有着非常重要的意义。例如，"黑暗令我感觉到恐惧""接二连三的失败让我感觉到沮丧"等。

第 2 步：追溯这些负向感受的源头，觉察在原生家庭中有没有相似的体验。

这些追溯往往会把我们带回到原生家庭中，且往往源于原生家庭中某种被对待的方式或某些经历。

关于引发负向感受的行为的探索

第3步：回顾频繁引发你负向感受（情绪波动/深感压抑/内心冲突）的行为，梳理典型的行为触发点。

这里的"行为"指的是个体对事情的应对做法，包括具体的行为、某种行动的模式、某种表达方式、某种常常采取的做法等。

可以借助以下问题探索行为触发点：

- 别人做了/不做什么，会引起你强烈的负向感受？
- 别人如何做，会引起你强烈的负向感受？
- 别人表达/不表达什么，会引起你强烈的负向感受？

第4步：追溯这些负向感受的源头，觉察是否与原生家庭中的行为准则（家规）有关。

多数的行为触发点与原生家庭中的行为准则有关。家庭中的行为准则（家规）是维持一个家庭正常运转而存在的，有一些是说出来的，而有一些是没有说出来但在家庭成员之间心照不宣、默默遵守的（例如，吃饭不能剩饭粒）。可以思考一下，你的原生家庭中存在什么样的行为准则？那些能够引发你强烈负向感受的行为是否与这些准则有关？

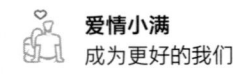
爱情小满
成为更好的我们

关于引发负向感受的语言的探索

第 5 步：回顾频繁引发你负向感受（情绪波动／深感压抑／内心冲突）的语言，梳理典型的语言触发点。

这里的"语言"既包括人们交流沟通时表达的内容，又包括表达的方式。

有些语言对于个体来说是没有任何影响的，但某些话语一出现可能就会使我们的内心产生波动，进而引发负向感受，这些话语就是我们的语言触发点。

第 6 步：追溯这些负向感受的源头，觉察在原生家庭中的思想认同（文化）对自己的影响。

你可能会认同原生家庭中的某些观点，也可能会抗拒原生家庭中的某些观点。请思考，在你的原生家庭所遵从的思想文化中，特别是那些让你想要抗拒的，它们如何触发了你的负向感受。

关于原生家庭对自我形成及亲密关系的影响

第 7 步：探索实际自我、自我评价和理想自我。

可以借助以下问题进行探索。

- **实际自我**：从客观的角度来看，我是一个什么样的人？
- **自我评价**：从主观的角度来看，我认为我是一个什么样的人？我喜欢自己的什么？不喜欢自己的什么？
- **理想自我**：如果可以，那么我想成为一个什么样的人？

第 8 步：探索这样的自我对于亲密关系有／会有什么样的影响。

第一部分
从两情相悦到彼此生厌

已经处于亲密关系中的人会更容易回答这个问题。结合以上的梳理,加上自己在亲密关系中的观察,可以看出原生家庭、自我和亲密关系之间的相互联系。

如果还没有进入亲密关系,那么也不是无法探索的,可以参照自己与其他重要他人之间的相处来回答这个问题。

听完老张的讲解,甄柔嘉点了点头,又看了看齐维哲,对老张说道:"今天听你说了这么多,引发了我不少的思考,需要慢慢捋一捋。有什么办法能帮助我更好地理解吗?"

老张笑着说:"哈哈,尽管咱们这关系不适合进行正式的咨询,但既然你们俩动力挺足,我就给你们布置一份家庭作业吧。回家后,请二位按照下面的指导练习,并尽量凭借直觉来回答各个问题。"

1. 回顾频繁引发你负向感受(情绪波动/深感压抑/内心冲突)的事件、行为和语言,梳理典型的事件触发点、行为触发点和语言触发点。原生家庭如何造就了这些触发点?

_____

_____

_____

2. 经过刚刚的回顾,你是如何评价自己的?你理想中的自己是什么样子的?客观真实的你又是什么样子的?

_____

_____

_____

3. 经过刚刚的梳理,有没有让你想到自己的亲密关系?你想到了什么?

_____

_____

_____

4. 这次的内容给你带来了什么启发?

_____

_____

_____

老张继续说道:"在你们认真做完这个练习后,应该能够了解你们在原生家庭中孕育了什么样的'自我'。在下一次的见面中,我将带着你们看到'自我'是如何一步一步地塑造了你的伴侣蓝图的。"

听了老张的话,甄柔嘉已经开始期待下一次的见面了。她拍了拍老张的肩膀,说道:"老同学你可真行,我也不跟你客气了,你要是有时间,我们就每个星期都过来跟你学习一点心理学的知识,争取让我们的婚姻变得真正亲密起来,成为更好的'我们'!"说着,她和齐维哲起身与老张道别。

老张边送他们走向门口边说道:"哈哈,都是老同学,就别那么客套了,改天让齐维哲请我吃饭!"

此时的齐维哲已没有了一开始的拘谨,也笑着说:"必须的啊!你帮我们梳理了这么多的问题,怎么感谢都不为过!"

回去的路上,甄柔嘉看上去比来的时候释怀一些了,她和齐维哲谁都没有说话,都在反思老张今天跟他们讲的内容。

一阵凉爽的风吹过,甄柔嘉的肚子咕噜地叫了一声。她瞥了一眼身旁的齐维哲,心想又到星期五了,他还会做他的拿手菜吗?

第 2 章

好想遇见你，我的理想伴侣

幻想的伴侣：基于自我生活愿景设想的伴侣蓝图

伴侣蓝图会影响我们的亲密关系，如果刻板地使用伴侣蓝图，就会让个体在看人看事时存在着主观片面性，只看到自己以为的而非伴侣真实的样子。

一个星期很快就过去了，甄柔嘉和齐维哲再次来到了老张的工作室。

甄柔嘉进门后，有些激动地说："哎呀，老张，实不相瞒，其实上次来之前，我俩心里都有点打鼓，觉得俩人过日子都是现实问题，这心理学能有什么帮助。但跟你聊过一次后确实学到了很多，解除了我们心中的一些疑惑，看来心理学还真挺有意思的！"

老张笑着说道："很多人对心理学和心理咨询存在着误解，不相信心理学能给生活带来什么帮助，认为只有心理有问题的人甚至是有病的人才需要心理咨询。其实，这大大低估了心理学的作用。我学习的萨提亚这个流派属于人本主义的一个分支，强调的是人与人、人与情境的联结。我们特别关注的是如何帮助一个人找到他内在的力量和资源，让他带着自己的力量回到生活中，与人和谐、与情境和谐，就能创造出更大的价值了。也就是说，如果有问题咱们就解决问题，如果没有问题咱们就可以提高幸福指数，好上加好。"

齐维哲一边听一边频频点头，满脸的期待。

老张起身给二位倒上刚泡好的老白茶，微笑着说道："那咱们今天就从一个案例说起吧！"

案例

小刚和小梅结婚七年了，他们最近发生了矛盾，以下是他们当时对话的一部分。

小梅对小刚嗔怪道："你说我当初是不是瞎了眼了，怎么和你在一起呢？！"

小刚不急也不躁，带着几分戏谑地说道："当初你和我在一起的时候可不是这么说的，那时你觉得我哪儿都特别好。这些年我又没有什么变化，你怎么总说得好像是我故意前后不一样似的。"

小梅撅着嘴说道："你跟谈恋爱时可不一样！咱俩刚在一起的时候，你什么都会告诉我，我那时觉得你这个人还挺能让我安心的，便和你在一起了。现在，咱俩在一起时间长了，你有许多事都不愿意主动告诉我了，每次都得是我再三问你你才肯告诉我，这让我还

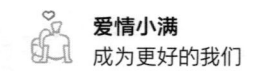

怎么能安心呢？"

小刚笑着跟小梅解释道："这不是因为咱们都比之前忙嘛，并不是不想告诉你。之前比较闲，我能什么事都跟你说；现在这么忙，我要是什么事都跟你说，我可能就没工夫做事了。"

小梅听到这句微微有点激动，略带委屈地说道："你看，你这不就是变了吗？！你以前可不是这样的！"

看到小梅有些激动，小刚也有些不耐烦了，说道："你这不就是无理取闹嘛！我感觉不是我变了，而是你变了。原来你挺温柔贤淑的，现在变得越来越自我，没事就鸡蛋里挑骨头了。你当初要是就像现在这样，我也不能娶你。"

小梅听后急了，提高了声音说道："你说我自我？我为了照顾你、照顾这个家，一点自我都没有了啊！你居然还说我自我，我还说你自我呢！天天像个甩手掌柜似的，不管我也不管家，说你两句你还跟我急！"

小刚又沮丧又不耐烦地摆摆手，说道："算了算了，每次聊这种话题结果都一样，还是别聊了。"边说边转身向书房走去，两人不欢而散。

听老张讲完，甄柔嘉瞄了一眼齐维哲后长叹一口气，说道："哎呀，这听起来怎么那么熟悉啊！"

老张平静地说道："熟悉吧，这是几乎每对情侣都要经历的一个阶段。这个案例反映了这样一种现象，即在相处一段时间后，双方都觉得自己的伴侣发生了天翻地覆的变化，从最初的'还不错'逐渐地走向了越来越不可理喻的境地。"

齐维哲抢先好奇地问道："为什么在恋爱时我们眼中'想要找到

第一部分
从两情相悦到彼此生厌

的那个人'，最终会变成一个让我们觉得'不可理喻的人'呢？"

老张点了点头，说道："这个问题问得好，我们可以把它归因为主观幻想。这个听起来不是很容易懂，我举几个例子你们就能懂了。

"第一个例子，A听朋友说炒股赚钱的经历后，自己也想赚点钱，就将全部积蓄都投到了股市中。结果股市一路下跌，A的积蓄赔进去了一半。因此，A感觉到非常后悔，觉得自己不该听信朋友的话，A愤怒地退出了股市，也和那个朋友逐渐疏远了。

"第二个例子，B在网上看到大城市的人收入水平很高，便认为去大城市应该可以过上更好的生活，因而辞去了原来小城市的工作去了大城市。在大城市生活了一段时间后，他才逐渐意识到，如果继续留在小城市生活，那么凭借自己的积蓄可以交一套房子的首付款，而且在每个月还完房贷后还能有点存款。虽然大城市收入水平更高，但消费水平和房价也更高，因此他每月的生活都捉襟见肘，更别提买房安家了。B很后悔来到了大城市，便又回了老家。

"第三个例子，C读了一些励志书籍，其中有许多创业发家的故事，这让C觉得创业是实现财富自由的最佳方式，便辞去了稳定的工作，创建了自己的公司。经过了一段时间，C发现创业这条路并没有书中所描述的那般容易。自己创业以来大小挫折不断，积蓄也花得差不多了，但还是没找到投资。C感到很后悔，心想自己为什么当初没有更谨慎地评估创业项目的可行性，而是凭着一腔热血就开始做了。

"从这三个例子中，我们可以看到他们的决策其实是基于自己想当然的想法，我们把这些'想当然'称为'主观幻想'。就像例子中的 A、B 和 C 一样,其实我们也都或多或少地有过因为'想当然'而导致事情变得糟糕的经历。你们有没有发现,基于主观幻想而展开的行动往往会带来失败的结果。这是因为人缺乏对情境的了解,使人和情境无法建立联结。套用在亲密关系中,就是太多的主观幻想会取代彼此之间的沟通了解,因为缺乏了解,人与人之间便没有建立真正的联结。因此,换句话说,**我们往往不是真的和我们眼前的这个人在生活,而是和我们主观幻想中的那个人在生活。**"

听到这里,甄柔嘉不解地问:"你的意思是,亲密关系出现问题与我们在关系中有主观幻想有关,对吗?那我们是怎么把主观幻想带到亲密关系中的呢?"

老张继续说道:"你又问到点上了!上个星期我们说到个体的自我在原生家庭中形成,在原生家庭的生活中,个体不断地受原生家庭中经历、家规和文化的塑造,最终形成了个体的实际自我、自我评价和理想自我,这三个部分共同组成了个体'整体的自我'。其实,我们的主观幻想机制也是在这个过程中逐渐形成的,它是个体应对感受的一种方式。其实这不难理解,就像你特别饿的时候会不自觉地幻想吃一顿热乎饭,脑海中会不断地浮现各种各样的美食,这时你会感觉自己的痛苦有所缓解。从这个例子中,我们可以看到主观幻想产生的内在机制。

"世界上并不存在完美的原生家庭,即便是再好的父母也无法做到让孩子毫无痛苦。在孩子的成长过程中,如果不曾经历痛苦,那么这本身也会给个体带来巨大的痛苦。尽管在成长的过程中,个体感受到的痛苦来源很广泛,但对于个体来说,总会有一种或几种痛苦是比较频繁出现、烦扰最深的,而这些往往来自原生家庭,我们把这样的痛苦称为'核心痛苦'。如果核心痛苦出现在个体的童年期或青少年期,那么它往往会成为一个未被满足的印记,沉积在个体童年或青少年时期记忆的深处,无法释怀、如影随形。例如,如果一个孩子总是要经受与妈妈的被迫分离,那么孩子心中那个'想要妈妈一直陪在身边'的小小心愿,会因为始终得不到满足而成为他心中的一个执念。所谓'执念',是不能放弃的。那怎么办呢?这时候主观幻想就发挥作用了。这个孩子会把希望寄托给未来,便开始在潜意识中慢慢描绘自我生活的愿景。他会期待未来能有一个人,无论遇到什么情况都能一直陪伴在他的身边,使他不再经受这种被迫的分离。在这个慢慢描绘的过程中,关于未来伴侣的蓝图也就越来越清晰了。"

说完,老张在一张纸上写下了一行字:

原生家庭生活经历→核心痛苦和期待→生活愿景→伴侣蓝图

甄柔嘉仔细地看着,说道:"这就是伴侣蓝图的形成过程吗?能给说得更详细点吗?"

老张点了点头,说道:"是的。我画一张表,这样应该会更清晰一些。"说着,他拿出了一张纸,画了这样一张表(见表2-1)。

表 2-1　　　**个体的核心痛苦塑造伴侣蓝图的过程**

核心痛苦	生活经历(痛苦形成)	生活愿景	伴侣蓝图
单一创伤	某一个经历引发强烈的痛苦,形成创伤记忆	希望未来能够避免再次发生此类创伤事件的发生	会在找伴侣的时候无意识地评估这个人是否能够做出这样伤人的事情

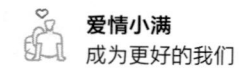

续前表

核心痛苦	生活经历（痛苦形成）	生活愿景	伴侣蓝图
持续创伤	持续出现的引发创伤的经历，形成了不安全的感觉	希望未来能够有安全的生活状态	会在找伴侣的时候无意识地评估这个人是否足够稳定、是否能够给自己带来安全感
总被批评	因为总被批评而感到痛苦	希望未来能够减少受到的语言、精神伤害	会在找伴侣的时候无意识地评估这个人说话是否针对自己
挫败感	因为原生家庭中缺乏资源导致难以取得自己渴望的成就	希望未来能够获得不错的成就	会在找伴侣的时候无意识地评估这个人是否能够帮助自己取得成就
缺乏依靠	感觉在原生家庭中找不到可以依靠的人	希望未来能够有可以依靠的人	会在找伴侣的时候无意识地希望对方足够强大，可以让自己依靠
不被理解	感觉父母对于自己的感受缺乏理解	希望未来可以得到更多理解	会在找伴侣的时候无意识地希望对方能够善解人意
孤单	感觉自己一直孤零零一个人，缺乏陪伴	希望未来可以得到更多的陪伴	会在找伴侣的时候无意识地去评估对方是否能够时常陪伴自己

甄柔嘉说："这样确实更清晰了。"

齐维哲接过表格看了看，然后说："按照你的说法，亲密关系的问题都和伴侣蓝图有关，对吗？"

老张看了看齐维哲，也不急着回答。给二人杯中添上热茶，自己也端起杯来啜饮一口，然后继续讲了起来："有了伴侣蓝图，人们就按图索骥了。可要是只看手中图不看眼前人，就容易出现问题了。我再给你们讲个案例。"

案例

有一个小伙子，父母对他比较严格，动不动就批评他。这个小伙子特别渴望父母能表扬自己，哪怕就表扬一次。可不论他多么努力，好像永远都达不到父母的标准，这让这个小伙子很有挫败感，也缺乏自信。

有一天，小伙子在工作中遇到一个不会填写申请表格的姑娘，小伙子耐心地给她讲解如何填写。姑娘对小伙子感激不尽，对他的耐心赞不绝口。小伙子之前在家中总挨说，现在终于有人认可他了，他能不激动吗？于是，他更愿意在姑娘面前表现自己了。人与人之间有时就是这么神奇的，姑娘越觉得小伙子好，小伙子就越愿意在姑娘面前表现，于是姑娘就更加觉得小伙子好，这就进入了一个良性循环。这让小伙子觉得终于遇到认可自己、欣赏自己的人了。经过一段时间后，两人慢慢确立了情侣关系。

可是，相处久了，哪有不产生分歧的。姑娘出于对小伙子健康的关心，便建议他不要吸烟了；如果小伙子和朋友出去喝酒喝多了，姑娘就建议他以后少喝酒；姑娘看他经常晚睡晚起，就说这太伤身体，还建议小伙子去健身……时间长了，小伙子就觉得，"你现在怎么总管我啊！跟我妈一样，看我哪都是毛病！"姑娘也一肚子委屈，就觉得，"你怎么这么不知好歹！我这哪是挑毛病，这不都是为你好嘛！"

尽管姑娘是在表达关心，对小伙子的健康提出了积极的建议，但是由于小伙子的核心痛苦是在童年期没有得到过父母的认可，因此"被认可"就成了小伙子伴侣蓝图中刻板的衡量标准。

讲完这个案例，老张停了一会儿，留给甄柔嘉和齐维哲消化。

他喝了口茶，继续说道："还记得咱们上次讲的触发点吗？"

"记得！记得！"甄柔嘉抢着说，"这是语言触发点！"

"可以呀！老同学，看来我没白讲！"老张夸赞道，甄柔嘉露出一丝得意。

随后，老张回到案例上，说道："姑娘的好言相劝触发了小伙子的核心痛苦，人都是本能地趋利避害的，当小伙子把它在心中类比为核心痛苦了，姑娘的'好言相劝'就等同于他在童年时被父母'挑毛病'了。说句不恰当的比喻，就像是'一颗老鼠屎坏了一锅汤'，姑娘的好小伙子全都看不到了。这就是只看手中图不看眼前人，从而阻碍了人与人之间建立真实的联结。

"从这个案例我们不难看出伴侣蓝图是如何影响亲密关系的了。刻板地使用伴侣蓝图最大的危害在于，让个体在看人看事时存在着主观片面性，只看到自己以为的而非伴侣真实的样子。伴侣的存在就成了配合我们满足自己生活愿景的'工具人'，而不再是一个真实的陪伴着我们的人。在这个状态下，伴侣之于我们的价值就被限定在了伴侣蓝图的框架内，而非对方作为一个人而存在的真实的价值。我们再回到刚刚说的那个案例，小伙子只盯着姑娘身上与认可—不认可相关的部分，一叶障目，忽略了姑娘的真诚、善良、朴实、顾家、温暖……就像小伙子的父母否定了他没有达到他们要求的那些

第一部分
从两情相悦到彼此生厌

努力一样，如今他也否定了姑娘的被他认为'挑毛病'的那些'好言相劝'。没有人甘愿与限定自己的人融合，就更谈不上成为'更好的我们'了。"

齐维哲慨叹："好家伙，这蓝图的影响可真不小！我们还能做些什么去改变吗？"

老张的嘴角露出一抹欣慰，说道："当然可以了，但是先要找到自己的伴侣蓝图。"

探索伴侣蓝图

第1步：发现曾给你带来负向感受的童年经历。

珍惜自己的每一次"不舒服"，顺着这些不舒服回顾：有没有一些画面、声音、影像等浮现在你的脑海中，把你带回到过去？尤其是有关委屈、难过、害怕、羞耻等的经历。把它们一一列出来。

第2步：探索这些经历中你的愿望是什么。

先问自己以下问题：

- 如果可以重来，那么我希望对这些经历中的什么做出改变？
- 如果可以重来，那么我希望有什么能消失？
- 如果可以获得帮助，那么我希望那个时候的我获得怎样的帮助？

然后，按照以下句式，把你的答案填写在横线上。

- **我童年的痛苦和期待**：小时候，经常是什么_____让我不开心，如果能够这样_____我就会开心。
- **我的生活愿景**：因此，我希望长大以后，我的生活是这样的

- **我的伴侣蓝图**：我希望我的伴侣能够是这样的＿＿＿＿＿＿，他／她要具备这样的特点＿＿＿＿＿＿＿＿＿＿＿＿＿＿＿。

第 3 步：探索伴侣蓝图的刻板性程度。

以下问题能够帮你分辨你的伴侣蓝图是不是刻板的：

- 在你的伴侣蓝图中，你希望伴侣的样子、要具备的特点，对于大部分人来说是容易的或比较容易能实现的吗？
- 对于你现在／未来的真实伴侣来说，你的伴侣蓝图是一个模糊的较好的参考（即"这样最好，不这样也行"），还是一个原则性的衡量标准（即"这样才对，不这样不行"）？

此外，还可以根据以下内容来判断你的伴侣蓝图是不是刻板的。从第 1 级"最不刻板"到第 4 级"最刻板"，看看哪句符合你心理的情况：

- 第 1 级：伴侣可以是一起共创共同美好生活的；
- 第 2 级：伴侣应当是来帮助自己实现愿景的；
- 第 3 级：伴侣必须帮助自己实现愿景，否则就不是好的伴侣；
- 第 4 级：伴侣如果不能够帮助自己实现愿景，就不再适合做伴侣。

改善伴侣蓝图

第 4 步：探索伴侣蓝图的影响。

你可以问自己这样一个问题："我所秉持的伴侣蓝图给我的亲密

关系带来了什么影响？"

这是一个值得探索的问题，只有了解了影响才能知道是否该做一些改变，以及该做哪些改变和调整。

第5步：转变伴侣蓝图。

既然带着刻板的伴侣蓝图会给自己的亲密关系造成很多不好的影响，那么我们可以去改变自己内心的伴侣蓝图。

可以问自己以下问题。

- 如果我对未来的生活期待不是非得由伴侣来满足，而是可以和我的伴侣一起去创造一个全新的美好生活，那么我们可以一起创造什么样的美好生活？
- 如果是这样，那么我会如何重新看待我的伴侣（已经有伴侣的）/对未来寻找伴侣有什么新的想法（没有伴侣的）？

甄柔嘉听老张说完，说道："我觉得'伴侣蓝图'这种说法挺有意思的，我还是第一次听这个概念。老张，你再给我们留点家庭作业吧！"

老张说道："哈哈，你还挺认真好学的。既然你们对此很感兴趣，那么平时可以练习一下下面的内容。请按照下面的指导练习，并尽量凭借直觉来回答各个问题。"

1. 回顾你在原生家庭中的童年生活，你有哪些一直持有却未被满足的愿望？

_____

_____

2. 小时候的经历让你希望长大以后的生活变成什么样？因为你想要实现这样的生活，所以你希望你的伴侣是什么样的或拥有什么样的特点（伴侣蓝图）？

---

3. 你所秉持的伴侣蓝图是刻板的吗？秉持这样的伴侣蓝图对你的亲密关系有什么影响或可能会有什么影响？

---

4. 如果我对未来的生活期待不是非得由伴侣来满足，那么我可以和我的伴侣一起去创造一个全新的美好生活。我们可以一起创造什么样的美好生活？如果是这样，那么我会如何重新看待我的伴侣（已经有伴侣的）/对未来寻找伴侣有什么新的想法（没有伴侣的）？

---

5. 这次的内容给你带来了什么启发？

第一部分
从两情相悦到彼此生厌

看到甄柔嘉和齐维哲认真记下了练习,老张继续说:"好好做这个练习,你们就能了解和改善你们的伴侣蓝图了。等我们下次见面时,我想跟你们分享一下伴侣蓝图如何扭曲了你对亲密关系的认知过程。"

齐维哲仔细地叠起了记录练习的纸并收好,看了甄柔嘉一眼,对老张说道:"好的,我们回去好好练习。"

甄柔嘉从齐维哲的眼中看到了坚定,点了点头,说道:"咱们都看看能不能改善对彼此的幻想蓝图,加油!"说着,她端起茶水一饮而下。

这好像是今天她喝的第三杯了,看来老张的老白茶确实不错。

第 3 章

找到你，我就是世界上最幸福的人

美好的开始：伴侣蓝图和认知滤镜的相互作用

<u>伴侣蓝图在个体寻找伴侣的过程中起到了非常大的影响，它甚至决定了什么样的人会对你产生吸引力。</u>

之前的两次见面，让甄柔嘉和齐维哲对老张所讲的心理学越来越感兴趣了。原生家庭、实际自我、理想自我、自我生活愿景、伴侣蓝图等，这些心理学概念听起来是如此陌生，却又无时无刻、如影随形般影响着自己的生活，犹如为二人打开了一扇通往新世界的大门。

又是一个星期五，甄柔嘉推门进屋后，兴致勃勃地说道："老张我们又来啦！你这儿的老白茶有魔力啊！"

"哦？说说看。"老张一如往日，微微笑着。

齐维哲抢答道："我和嘉嘉在来的路上还聊呢，在你这儿，一杯茶下肚，心也跟着慢慢沉下来了。"

"哈哈！我还以为是说什么呢，这不是挺好嘛！心理咨询，其实就是让人在咨询中能慢慢地把心收回来，回到他自己。稍等，水马上开了，今天的茶马上就来。"只见淡白色的水雾从紫砂壶的壶嘴里氤氲而出，又慢慢消散在旁边那棵发财树的叶子下面。

"咱们还是从案例开始？"老张看向二人。

甄柔嘉和齐维哲点点头。

案例

有一天，小芳问闺密小莉："你觉得小斌怎么样？他最近在追求我。"

小莉想了想和小斌的相处经历，然后跟小芳说："他挺幽默的，可我觉得他有点不太考虑别人的感受。"

听小莉这么说，小芳也快速思考了一下："这我倒是没感觉，不过我也觉得他挺幽默的，还很自信，其实我对他还挺心动的。"

看到小芳脸上慢慢浮现出来的红晕，小莉也替好友开心："你感觉喜欢就行，'情人眼里出西施'嘛，只要他对你好就行。"

就这样，小芳和小斌很快就确定了情侣关系。可没过多久，他们开始出现了争执，慢慢发展成频繁地吵架。小芳特别沮丧，又来找小莉聊天。

小芳看着闺密，懊悔地说："你那个时候说小斌不太考虑别人的感受，我怎么就没多考虑考虑呢？起初我只是觉得他做决定特别

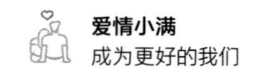

干脆果断、很有主见，还很自信。你也知道的，我总是爱思前想后，特别纠结，我想半天的事，对他来说则非常简单。那时候，也刚好是听了他的并没有发生什么问题，我便觉得和这样的人在一起真轻松、真省心！这时间长了，我越来越发现他的确是做决定快，可他真的是不考虑别人啊！他哪里是自信，简直就是自大！"

小莉看着闺密沮丧的样子，心疼地说："唉，你看，正是当初让你心动的闪光点，现在反而成了伤你心的尖刺。"

听了小莉的话，小芳沉吟许久，似乎想到了什么。

老张讲完了案例，甄柔嘉若有所思。

齐维哲疑惑地问道："对啊，好像很多人是当初'情人眼里出西施'，可后来怎么就变东施了？"

老张仍然不急着回答。紫砂壶的盖子这时开始微微响动了，伴随着大量水汽的升腾，响动也越来越急，仔细听还带着一点节奏感。老张起身泡上茶，再分倒在茶杯里递给甄柔嘉和齐维哲，然后慢慢落座，用他那低沉又略带磁性的男声慢慢撩开两人思绪间的迷雾。

"'情人眼里出西施'这句话精确地概括了人们陷入爱情时容易被冲昏头脑，变得不够理智。上次我们谈到了伴侣蓝图影响亲密关系，今天我们就再深入地聊聊伴侣蓝图是如何参与到我们的认知过程中的。"

甄柔嘉二人点点头，满心期待老张好好给他们讲讲。

老张说道："伴侣蓝图在个体寻找伴侣的过程中起到了非常大的影响，它甚至决定了什么样的人会对你产生吸引力。"他停顿了几秒钟，问道，"我刚才说小芳有个特点，你们还有印象吗？"

第一部分
从两情相悦到彼此生厌

甄柔嘉答道："做事思前想后，特别纠结。"

老张点点头，说道："对，这是怎么形成的呢？"

"是不是和她的原生家庭有关？"甄柔嘉问道。

老张又点了点头，说道："是的，小芳的父亲对别人要求严格，她的母亲则是个胆小怕事、没有主见的人。在家里，无论是小芳还是她的母亲做错了事，父亲都会大发雷霆。因此，小芳从小做事就很谨慎，生怕做错了事惹父亲生气。久而久之，对小芳来说，每一次做决定都像是面临审判。"

"呀！"甄柔嘉不由得心头一紧，倒吸一口气。

老张继续讲道："所以，在小芳遇到小斌后，看到小斌可以那么干脆地做决定，甚至没有考虑到别人的感受，在别人看来可以说是一种独断了，可小芳却将其理解为果断和自信，便产生了一种可以依靠的感觉。可以说，小斌对她有着强烈的吸引力。"

"小芳这是主观幻想吧！"齐维哲喃喃道。

老张赞许地看着齐维哲，点点头说道："是的，她这是主观幻想，幻想与事实是不符的。随着相处的深入，小斌身上的这些特质——一直没有改变但与小芳的主观幻想不符合的特质，就越发凸显了，他对小芳的那种强烈的吸引力也随之渐渐减弱直至消失了。

"有的研究亲密关系的理论会把这两个前起后落的阶段分别称为'蜜月期'和'沮丧期'。在蜜月期，对方是你的灵魂伴侣；在沮丧期，你会发现对方根本不是你想要找的人。事实上，出现这种情况并不是对方的过错，而是你的认知系统和你开了一个不太恰当的

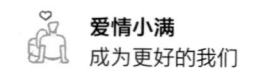

玩笑。"

听到这儿，甄柔嘉一脸惊诧："我自己的认知，和我开玩笑？自己骗自己？！"

老张笑笑，继续讲道："我们的大脑每天会接收海量的信息，而且其中还有不少是你不需要的，但直接映入你的眼帘或是灌进你的耳朵里。因此，大脑会对这些信息进行加工，形成我们的认知世界。大脑的这种功能可以让信息处理变得更效率、更聚焦，同时也会带来一些弊端，比如，如果加工的过程过于偏离客观现实，就会形成认知滤镜。"

"认知滤镜……"甄柔嘉若有所思地自语。

老张看着甄柔嘉，问道："甄柔嘉，你在朋友圈发自拍照时，用不用滤镜？"

甄柔嘉被老张这么一问，有点不好意思。齐维哲抢着说："用不用？！嘉嘉拍个照一秒钟，选滤镜修图能修五分钟。"

甄柔嘉瞪了齐维哲一眼，小声嘟囔："哪有那么夸张！"

老张笑着说："哈哈，这很正常。人在拍照时为什么喜欢用滤镜呢？因为用了滤镜后，能让照片中的人看起来更漂亮。人永远更愿意看到自己想看到的，尽管有时它并非真实的。认知滤镜也是这个道理。案例中的小芳之前很害怕做决定，在遇到能干脆做决定的小斌后，小芳心想那再好不过了，以后的决定都由你来做，最好能把我所有的决定都做了，这样我就能解放了。"

甄柔嘉本就是个热心肠，听老张讲到这儿，有点恨铁不成钢地说道:"哎呀,这个小芳,也要看小斌做的决定适合不适合、周全不周全、对自己是不是有利啊!"

齐维哲轻轻拍了拍甄柔嘉的胳膊,心底泛起的一抹柔情让他的目光也变得温柔了。想当年,他何尝不是在认知滤镜的作用下,被甄柔嘉的一腔侠气深深地吸引了呢?

老张并不知道齐维哲刚刚开的小差,但注意到了甄柔嘉的情绪:"老同学,你先别激动。在社会上摸爬滚打这么多年了,你怎么还像上学时候那样心里藏不住话呢?其实,案例中的情形在生活中很常见。"

讲到这儿,老张眼神一亮,好像忽然想起了什么,看着甄柔嘉说道:"你记不记得咱们学校有一次举行艺术展,有一件刺绣作品特别精美,咱们都觉得一定是一个心灵手巧的女同学的作品。"

"记得!后来当咱们知道是一个男生绣的时候大跌眼镜。"甄柔嘉顿了顿,声音弱了一些,说道,"没过多久,好像还有一些淘气的男生因此嘲笑他'娘娘腔',弄得挺不好的。"

"是的。人们在行为方式上容易形成一些习惯,同样地,在思维方式上也会形成惯性模式。比如,绣花这项活动的确是自古以来更多受到女孩的喜欢,所以又被称作'女红'嘛,但这并不意味着男孩就不可以喜欢这个。一旦人们形成了'男孩不可以喜欢做女孩喜欢做的事'这样的认知,就与现实相扭曲了,这在心理学上被称作'认知扭曲'。有心理学家指出,认知扭曲是造成很多心理问题的原因。"

齐维哲和甄柔嘉听得一脸惊讶。齐维哲问道:"这么严重啊!那

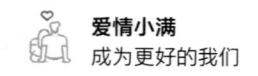

能不能避免呢？"

两人的追问点燃了老张分享知识的热情，他端起茶杯饮了一大口，刚要讲，又顿了顿，给齐维哲、甄柔嘉的杯中添上热茶，方才继续："研究认知过程，对于人们认识、了解客观世界是非常重要的，因此这方面的研究从2000多年前持续到现在。如今，存在两种最主要的认知形成方式。一种是在距今2400年前的轴心时代，由亚里士多德在《工具论》（*Organon*）一书中提出的逻辑推理方法；另外一种是在距今400年前的科学革命时代，由弗朗西斯·培根在《新工具》（*Novum Organum*）一书中提出、过了200年后由奥古斯特·孔德在《实证哲学教程》（*Cours de philosophie Positive*）一书中发展的经验实证方法。

"如今，亚里士多德创建的逻辑推理方法早已融入现代人的无意识中了，就算你没有经过认知理论学习或训练，也很可能会使用这种方法形成对事物的认知。培根和孔德所创建的经验实证方法则更多地是被科研工作者所采用。"

老张讲得兴致勃勃，齐维哲听得云里雾里。他略带调侃又不无佩服地对着老张竖起了大拇指："这书袋掉的！[1] 我都听晕了。"

老张也意识到自己又犯了讲到兴致上就滔滔不绝的毛病，不好意思起来，赶忙说："当然，我也不是要探讨那些宏大的世界起源、宇宙形态的问题，那是哲学家、科学家们研究的领域，我们探讨的重点是这两种不同的认知方法在亲密关系中会带来什么影响。其实，有一个非常简单的办法能帮助我们了解这种影响。"

---

[1] "掉书袋"是讽刺人爱引经据典、卖弄才学。

第一部分
从两情相悦到彼此生厌

齐维哲听到有简单的方式，身子好奇地向前倾。

老张说道："逻辑推理方法和经验实证方法最主要的差异在于，推测和实测。举个例子，'三岁看到老'就是推测；'路遥知马力，日久见人心'则是实测。现在你能想到什么呢？"

齐维哲想了一下，若有所思地说："我有点理解了。我有一个同事，刚入职没几天就和我一起加班，他还帮我一起订了饭，因此我对他的第一印象特别好。后来随着慢慢相处，我发现根本不是这样的，只要我的工作业绩有可能超过他，他就会处处针对我，弄得我很烦心。这就是推测和实测的区别吧——推测就是'你以为的'，实测则是'不断发现的'，对吗？"

老张说道："没错。虽然你举的这个例子是同事关系，但这和人在亲密关系中经历的过程是类似的。你在与这个同事的相处过程中，也经历了'蜜月期'和'沮丧期'，这其实就是你最开始对他做出的推测所导致的。"

齐维哲点点头。

老张继续说道："再回到我们之前讲的那个案例。小斌到底是什么样的人呢？关于这个问题，小芳一开始用的就是逻辑推理法，也就是说，她看到小斌做决定特别干脆，便推测小斌是个很有主见、很自信的人，甚至认为自己认知的就是小斌的全部。在这个过程中，认知滤镜发挥了很大的作用，让她忽略了小斌过于干脆做决定而不考虑别人的感受的情形。就这样，他们进入了'蜜月期'。然而，随着两人不断深入相处，小芳就觉得现实与她幻想不相符的地方越来越多，也就慢慢抵消了认知滤镜的作用，进入'沮丧期'了。"

041

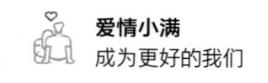

"听人劝，吃饱饭！要是当初她听听闺密的意见就好了。"甄柔嘉略带惋惜地说。

老张点点头，继续讲道："是啊！如果当初小芳听了闺密的意见，再多多留心小斌是不是真的不太考虑别人的感受，是不是还有她所不曾认识、了解的方面，经过一段时间的观察和验证后，综合一些不同视角，再形成对小斌这个人的认知，就属于经验实证法了。如果小芳能这样做，她就不太会只迷恋自己以为的小斌，然后再慢慢发现小斌并非她想象的样子，以致越来越沮丧。因此，**对于亲密关系来说，只有彼此看到了真实的对方，爱的也是真实的对方，这样的爱才更容易长久。**"

甄柔嘉认同地说："还真是，小芳爱的只是她幻想出来的对方，到头来肯定会让自己一身伤啊！要是运用经验实证法，那么虽然不能保证她一定能幸福，但至少可以避免一身伤吧。"

老张点了点头，微笑着说道："经验实证法的确可以在很大程度上降低'蜜月期'和'沮丧期'对感情的影响，让感情相对平稳地走向更长远的未来。被誉为'婚姻教皇'的约翰·戈特曼（John Gottman）带领他的团队，经过40多年对700多对夫妻进行的实证研究后得出结论，幸福的婚姻是基于深厚的友谊，包括成为相互尊重并喜欢对方的朋友，对对方进行细致的了解，熟悉对方的好恶、怪癖、希望与梦想，长久地关注对方等。你们有时间可以看看他写的一本书，书名叫《幸福的婚姻：男人与女人的长期相处之道》(*The Seven Principles for Making Marriage Work*)。"

听老张讲到幸福的婚姻，甄柔嘉无比关注："怎么才能拥有幸福的婚姻？研究报告里说了吗？"

齐维哲笑着打趣道："你看你那神情，就像'菜鸟'听说哪里有本武林秘笈似的。"

老张也笑着看二人，说道："武林秘笈哪有那么容易获得，就算获得了也得好好练习才能成为武林高手，别着急。我们回到这次讨论的伴侣蓝图上来。伴侣蓝图决定了你容易被什么样的人吸引，换句话说，决定了你会戴上什么样的认知滤镜。咱们先要找到滤镜，再把它摘下来，这样才有可能看到你的伴侣真实的样子，才有可能细致入微地了解伴侣。"

探索认知滤镜

第1步：回顾自己的关系模式。

如果你正处于亲密关系中或曾经有过亲密关系，那么可以回想在你和伴侣相处的过程中，你是否有过像过山车一样先甜蜜后沮丧的经历。如果有，那么请回想一下当时具体的情形。

如果你还没有经历过亲密关系，那么可以回想在你和朋友相处的过程中，是否有过先好后坏的经历。如果有，那么请回想一下当时具体的情形。

完成这一步有助于你了解自己实际的情况，而不是去设想自己认知滤镜的样子。

第2步：觉察是否容易受自己主观幻想的影响以及影响的强烈程度。

以下问题可以帮助你更清晰地觉察自己。

- 在亲密关系或每一段关系相处的初期，你是否容易受到自己主观幻想的影响，倾向于把对方看作你期待的那个人？
- 在你平常做事的时候，你是否容易受到自己主观幻想的影响，会时常过于乐观，总认为事物会像你期待的那样去发展？
- 你有多渴望让你生活中的人、事、物符合你的期待？当你认为这些人、事、物符合你的期待时，你会有多兴奋？如果这些人、事、物不符合你的期待，你又会有多失落？

第 3 步：探索自己的认知滤镜。

通过以上的探索，你可能会对自己的认知滤镜有了一定的了解，以下问题能帮助你更加明确。

- 关于逻辑推理方法：
    - 你在了解一个事物时，是否喜欢使用逻辑推理方法？
    - 在看到了一些现象的模式或关联后，你是否觉得自己发现了事物本身的样子或规律？
    - 在你看到伴侣重复做出某些行为之后，你是否会在内心做出"他是个什么样的人"的推论？

- 关于经验实证方法：
    - 你在了解事物时，是否很少会轻易做出判断？
    - 在你了解了一些现象后，是否觉得还需要对事物进行更多的观察与了解后才能接近这个事物的实际情况？
    - 在你看到伴侣重复做出某些行为之后，你是否觉得这只能反映他在这个情景下的习惯反应，还需要对他有更多了解，才能接近这个人的实际情况？

借助上述问题，你觉得自己往往会在无意识中经常使用哪种认知方法？

改善认知滤镜

第 4 步：对未知领域保持开放态度，停止推理性的即时判断。

练习在看见某个客观事实时，不通过推理立刻做出判断，不给这些客观事物贴上我们想法的标签。看见这些客观事实的本身，而不是只看见自己的想法。

这需要练习区分客观经历和瞬时解释，然后在自己的想法中剔除瞬时解释，具体做法如下。

- 找到我们对一个事物看法中的两个部分——（1）我们看见、听见、闻见的一切；（2）我们对这个事物的理解和判断。
- 剔除我们自己对事情的理解和判断，只保留我们看见、听见、闻见的一切。

第 5 步：学习测绘式地认识人、事、物。

有了第 4 步的基础，就有了空间去重新整体地认识人、事、物了。这就像给一个人画素描，不是寥寥数笔画成的简笔画，而需要一点一点地测绘式地勾勒轮廓，再通过细致地观察，一点一点地填充细节。

所谓"测绘式地认识人、事、物"，就是通过不断地观察去测绘人、事、物，这有助于我们发挥能力接近客观事物的实际样貌。具体做法是，将第 4 步中的"我们看见、听见、闻见的一切"放在一起，再根据它们去认识复杂的人、事、物，最终在我们的脑海中形

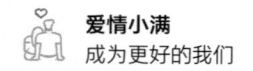

成对这个人、事、物的概念。

第6步：重新认识你周围的人和你的伴侣。

运用第4步和第5步的方法，先来重新认识你周围的人，你会发现原来你认为的他们都和他们实际的样子有许多差异。在校正了这些差异之后，你才算是真正认识了他们。

之所以先来重新认识你周围的人，是因为人们往往会对熟悉的人产生偏见。在你重新认识你周围的人之后，就来试着重新认识你的伴侣吧。你不仅会认识一个真实的他/她，还会走出剧烈起伏的情绪波动。

听老张讲完，甄柔嘉语气坚定地说道："我来重新认识你，齐维哲。"齐维哲点点头，他也要重新认识甄柔嘉了。

老张看着二人，心中暗喜，说道："回家后，当你们有空时，可以按照下面的指导练习，并尽量凭借直觉来回答各个问题。这能帮助你们认识和改善认知滤镜。"

1. 回想你在和伴侣或朋友相处的过程中，你是否有过像过山车一样的经历？回想当时的具体情形。

_____

_____

_____

2. 你有多渴望让你生活中的人、事、物符合你的期待？当你认为这些人、事、物符合你的期待时，你有多兴奋？如果这些人、事、物不符合你的期待，你有多失落？

_____

_____

_____

3. 你认为自己的认知滤镜是属于逻辑推理式的还是经验实证式的？这个滤镜给你的生活带来了什么影响？

_____

_____

_____

4. 在你能够对未知领域保持开放态度，停止推理性的即时判断之后，你的生活会发生什么变化？

_____

_____

_____

5. 你对于测绘式地认识人、事、物有什么样的理解？你觉得你该如何在日常生活中进行实践？

_____

_____

_____

6. 在你重新认识了你周围的人和你的伴侣之后，你有什么新的发现或启发？你感觉在和他们的相处中，有哪些地方是需要调整的？对于你和他们的关系，你有什么新的看法？

_____

_____

_____

7. 这次的内容给你带来了什么启发？

_____

_____

_____

齐维哲摩挲着茶杯，意犹未尽地说道："今天你给我们讲的知识真好，'认知滤镜'这个概念让我耳目一新。"

老张笑着说："这样看来，我今天的目的就达到了。接下来，你们应该可以改善自己的认知滤镜了。"

甄柔嘉也没听够，好奇地问道："以后你还会跟我们分享更多的概念和知识吗？"

老张说道："当然了，二位若有兴致，下次咱们聊聊沟通分歧的产生过程和调整方法。"

"好，下个星期见！"甄柔嘉和齐维哲齐声说道。

第 4 章

当多巴胺退去时，仿佛爱也淡了

沟通的分歧：沟通问题造就的关系鸿沟

<u>沟通的本质并不是为了说服，而是促进彼此的了解。</u>

又到了星期五下午，甄柔嘉和齐维哲再次来到老张的心理咨询工作室。老张已经提前烧好了水，待二位刚刚坐稳，就将沏好的茶送到他们面前。简单寒暄过后，老张准备要讲案例故事了。齐维哲见状，收起手中正在把玩着的、进屋后刚刚从近视镜上摘下的墨镜夹片。

甄柔嘉知道，这是齐维哲多年的习惯，手里总得摩挲着点什么，就像有的人总要不停转动手里的笔一样。甄柔嘉总说齐维哲，这么多小动作会显得人很闲散、漫不经心的。齐维哲从来都不以为然，而且甄柔嘉越说，他就越要故意在甄柔嘉眼前夸张地摆弄几下。看来，老张的心理课已经让齐维哲在不知不觉间认真起来了，想到这儿，甄柔嘉心头不禁闪过了一丝欣慰。

爱情小满
成为更好的我们

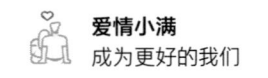

案例

小敏和小宇确认恋爱关系已经有三年了，最初的两年都是你侬我侬的，偶尔有个小争执，很快就过去了。然而，最近一年，两人之间的小争执逐渐升级。

有一天，难得小宇不用加班，两人约好了一起看一部热映的电影。小敏本就是个电影迷，又是去看一部根据真实人物改编的影片，她对此充满了期待。电影散场后，两人余兴未退，热烈地讨论着。小敏难掩激动地说："主人公太了不起了！她给这些困守在大山里的孩子带来了希望！她改变了这些孩子的命运！"

小宇也被电影感动了："是的！太了不起了！真是一名坚毅的女性！她不仅教会了孩子们知识，更重要的是教会了孩子们坚强和勇敢！"

"嗯嗯！"小敏表示认同，接着又把话题引到了另一个细节，"不过，也不知道编剧怎么想的，为什么要把酗酒的角色写成母亲，这太不合理了！简直是污名化女性！"

小宇听后斜睨向小敏："怎么就污名化女性了？！老师后来难道没拯救她吗？拯救之后她才有了尊严！这不恰恰突出了女性的力量和女性的崛起嘛！"

听到小宇直接反驳自己，小敏有些不高兴了。可是，小宇似乎并没有察觉，继续慷慨陈词，表达着自己的观点。

小敏越听越不耐烦，但还是不想破坏难得的约会日，就想尽快结束这场讨论，连忙说道："唉呀，算了算了！咱们还是别聊了，去吃饭吧。"

此时，小宇也听出了小敏的话外音，刚刚聊起的兴致被小敏的

第一部分
从两情相悦到彼此生厌

不耐烦搅得意兴阑珊，随之转化为愠怒，但他还是努力克制着说："话题是你挑起的，你有你的想法，我有我的观点，这不很正常吗？哎，每次都是这样，那还不如别聊了，各自去做点有用的事呢！"

小敏听小宇这么说更不高兴了："什么叫'有用的'？！你言外之意就是你觉得跟我聊天浪费时间是吧？！"

小宇此时也有点控制不住情绪了："我哪说和你聊天浪费时间了？你这不是无理取闹嘛！"

小敏彻底被激怒了："你看你还是觉得我无理取闹吧，所以你根本就没想过和我好好聊天，和你说话就像辩论！"说完，她扭头走掉了。

小宇本想追过去，但最终还是停在了原地，只能怔怔望着小敏背影消失的方向发呆。

好好的天聊着聊着陷入了僵局，好好的约会就这样不欢而散了。

听老张把案例故事讲完了，齐维哲颇有感触地说："唉，平时跟朋友聊天挺轻松愉快的，可两口子说起话来怎么就这么难呢？嘉嘉也总说和我聊天就像鸡同鸭讲。"

齐维哲的困惑也是甄柔嘉的困惑，对此她也常常百思不得其解。她快速地在记忆中翻找着前几次老张讲过的内容，试图从中找到一些线索，但显然没有找到。她眨动着那双漂亮的眼睛，不确定地问："是不是和认知滤镜有关？"

老张并没有立刻给出答案，而是看了看他们，问道："你们也能感觉到他们的沟通并没有在同一个频道上吧？"

甄柔嘉边思考边说："是的，但又说不上来到底是哪里不对。"

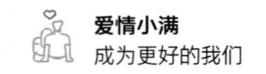

齐维哲也一脸疑惑地问："为什么会这样呢？明明两个人都在很认真地和对方说话，使用的也是同一种语言，就像是'你说的我在文字上听懂了，可我说的又不是你想听的'。"随后，他又转过脸看着甄柔嘉说道，"沟通，沟通，现在看来，咱俩之间真是有条沟，没通。"

听了齐维哲精准又不失幽默的比喻，甄柔嘉感到稍微轻松了一些，原本微皱的眉舒展开了，也略带几分玩笑地说："老张，赶紧想办法帮我们把沟通开！"

老张也笑着说道："哈哈！我又不是搞土木工程，哪会通沟啊！不过，萨提亚理论可以的——萨提亚模式把造成这类'沟而不通'现象的问题归结为'不一致沟通'。"

齐维哲听老张说到这儿，立刻兴奋起来："对对对！是这种感觉！我虽然不知道'不一致沟通'是什么，但有时和嘉嘉说话就是这种感觉，她好像总是话里有话，我听完她说的没多想就做了，结果她还生气了！"

甄柔嘉瞪了齐维哲一眼，嗔怪道："我哪儿有？！明明是你不用心。"

"哈哈，就是这意思。"老张及时地参与进来，让二人把关注的焦点再次放到他讲的话上。果然，他俩齐刷刷地看向老张。

老张饮了口茶，说道："'不一致沟通'讲的就是说话人心中所想的和口中所说的内容是不一致的，但说话人却期待对方能够透过那些话语明白自己的心意。这样一来，自然就容易产生误解，引发一系列的沟通问题，在累积到一定程度后会让关系产生罅隙和

第一部分
从两情相悦到彼此生厌

裂痕。"

甄柔嘉更疑惑了，说道："不对啊！刚开始在一起的时候，我并不觉得我和齐维哲鸡同鸭讲，反倒觉得他很懂我的心思，我们在很多方面都很一致。老张，你还有印象吗？上学的时候，同学都说我'仙儿'，说我不食人间烟火，说我不切实际。有一次齐维哲带我吃饭，我们聊到一个话题，他说'美是一种感觉'。就在那一刻，我觉得我终于碰到一个和我一样的人了。"

齐维哲完全没想到甄柔嘉还把这一幕记在心里，充满爱意和感动地望向她。

老张非常敏锐地捕捉到了这动人的一幕，多年的亲密关系咨询经验告诉他，这一刻他们两颗心之间的情感流动既真挚又温暖，要让它流动一会儿。于是，他调侃道："看不出来啊，齐兄居然这么会讲情话！你来讲讲你们之前是如何心意相通的。"

让老张这么一问，齐维哲有点不好意思，但此时甄柔嘉看他时眼中的柔情又把他带回恋爱的初期。齐维哲也用他那特有的明亮又扎实的嗓音讲道："刚开始在一起的时候，我们都特别愿意认真听对方说话，我觉得我说什么嘉嘉都愿意听，我跟她说的她都理解。我之前从来不相信什么灵魂伴侣，但是在遇到她后，我觉得她就是我的灵魂伴侣。好像就是从我们结婚之后，生活琐事越来越多，沟通变得越来越困难——小到物品的摆放、生活习惯的差异，大到对未来生活的规划……总之，我们发现彼此有许多想法是非常不同的。"

讲到这儿，齐维哲的声音黯淡下来，看着甄柔嘉说："嘉嘉，我也知道你对我是有些失望的，你认为我越来越不把你放在心上，越来越不愿意和你讲话了。其实不是这样的，我只是不知道怎么能不让每次兴致勃勃开始的聊天以扫兴收尾。"

看到齐维哲眼神中的沮丧，甄柔嘉不禁湿了眼眶，既有难过和委屈，又有被丈夫理解的安心。

老张的话语及时地打破了这一刻的凝重："其实不只是你们，所有亲密关系中沟通的鸿沟都是一个'冰冻三尺非一日之寒'的过程，其原因也不仅仅是沟通本身出了问题，更重要的是双方对待对方的态度出了问题。糟糕的沟通品质和针对对方的负面想法共同形成了一个互相减损的死循环，最终制造出沟通的鸿沟，使得关系变得越来越糟糕。不过没关系，知道是改变的开始，我们现在就来看看这个过程发生了什么。我把这个过程划分为四个阶段。

"**第一个阶段，沟通顺畅期**。恋爱时期的相处往往是约会情景或有限的生活情景，因此沟通难度相对较低，加之在主观幻想的作用下，我们只愿意看到对方身上符合我们期待的部分，自然就没有那么多冲突，这个阶段的沟通大多是顺畅的。

"**第二个阶段，埋伏隐患期**。基于主观幻想作用以及伴侣蓝图，催生了彼此对于对方所谓'了解'的假象，其实我们只是借助对方的身份，塑造了一个想象出来的伴侣，并且和这个想象出来的伴侣感情飞速地升温，当然这也为未来的问题埋下了伏笔。

"**第三个阶段，问题暴露期**。随着关系的深入，双方共同经历的现实事件越来越多，彼此的差异便越发显现出来。现实永远是刺破想象的利刃，可以说，在现实面前的沟通把问题暴露出来了，沟通过程的冲突当然也越来越多了。

第一部分
从两情相悦到彼此生厌

"**第四个阶段，沟通冷炙期**。人们都愿意和与自己聊得来的人多说话，聊不来的就少说话。由于双方在前一阶段的沟通中累积了挫败感，因此彼此逐渐丧失了与对方沟通的耐心和信心，甚至对这段关系都丧失了信心。于是，导致的第一种状态是不再倾听对方，但想让对方听从自己；第二种状态是为了避免争吵，什么都听你的；第三种状态是你说你的、我做我的。总之，彼此都越来越不愿再像从前那样坦诚地和对方分享自己的思想、观点、态度甚至情绪，不一致沟通越来越多，沟通鸿沟便慢慢地形成了。"

老张讲完四个阶段，看了看二人，他们都若有所思。老张将二人杯中冷掉的茶倒了，又添上新的，自己也饮了一大口，继续道："不一致沟通是不良的沟通方式，因为往往会导致沟通的无效。萨提亚在经过多年的工作观察后，将人们的不良沟通方式总结为四种类型，并将其称为'不良沟通姿态'[1]，分别是讨好型沟通姿态、指责型沟通姿态、超理智型沟通姿态和打岔型沟通姿态。这些沟通姿态是人们在沟通中遇到压力、应对压力时的自动化反应。回想一下咱们最开始讲的案例，小敏在听到小宇说'无理取闹'的时候，就像被按下了一个开关，一下子就被刺激到了，来不及思考。被小宇说无理取闹，她感觉自己没得到他的理解、接纳和包容，并因此感受到了压力，自动化的反应就出来了，立刻就怒了。"

齐维哲疑惑地问："为什么会有这种自动化反应呢？"

老张反问："你们现在都快步入中年阶段了，有没有发现自己说的话、做的事越来越像自己的父母？"

---

[1] 不良沟通姿态又被称为"生存姿态"或"沟通应对方式"。

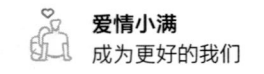

被老张这样一问，齐维哲一时怔住了，还没等齐维哲张口，甄柔嘉使劲点头道："对对对！我上个星期跟他回家时还说，他和他爸说话、办事的方式越来越像了。"

老张点点头，说道："人的沟通模式和原生家庭有很大的关联。有些人会模仿主要养育者的沟通模式，有些人在应对主要养育者的互动过程中发展出了自己的模式。无论怎样，这些沟通模式最终都被带进亲密关系中。虽然这些沟通模式会阻碍真正的沟通，但在我们的成长过程中，陪伴着我们应对了很多压力的时刻，它不见得是最正确的，却是我们最熟悉的，因而会被我们无意识地运用。

"经过这样的梳理，你们有没有发现沟通在亲密关系中扮演了重要的角色？因此，很多改善亲密关系的方法都把着力点放在了沟通上。还记得吗？在你们第一次来找我时，我说过要是只改善沟通，这对亲密关系来说是治标不治本的。从萨提亚模式中的冰山模型来看，沟通位于冰山的上层，它会受到冰山下面无意识中的众多要素的影响，比如感受、观点、渴望等，这次我就不展开讲了，等下次见面时我再跟你们聊聊这些要素。只有改善了它们，萨提亚模式所倡导的'转化'才会发生，因为这是由整个系统改善而带来的彻底的、真正的改变。"

齐维哲听后有点儿按耐不住了，有些着急地说道："听起来这一时半会儿也解决不了啊！可是，过日子又离不开沟通的，有没有什么方法能先起点儿作用呢？"

老张不禁笑出声来："哈哈，你可真心急啊！其实也是有的，对于伴侣蓝图、认知滤镜的探索都是有帮助的。今天再教你一个高级

第一部分
从两情相悦到彼此生厌

的——双重信息。你在之前也说了,甄柔嘉说话有时会让你感觉话里有话。在她说了一段话后,你接收到的是她的语言中所传达的信息意义,即语言在文化中的文字含义。然而,她传达的可能是另一层意义——心理意义,即语言对于听者的心理含义,但你并没有接收到。我们来看一个例子。A 表达,'你看看你干的好事,刷个碗弄得到处都是水,还嫌我不够累吗?!'B 表达,'你刷完碗水池周围有很多水,这样我打扫起来很辛苦。'你们感觉这两句话,哪个听起来更容易接受一些?"

老张话音未落,齐维哲就转头看向甄柔嘉,眉眼还向上一挑一挑的,似乎在暗示着什么。甄柔嘉回瞪他一眼,继续等着听老张说。齐维哲讨了个没趣儿,讪讪地说:"A 表达听起像在指责,让听话的人觉得自己不仅受累干了活还挨了一顿说,下次就不想干了。B 表达听起来像是说话人在表达自己的困难,会让听话的人觉得自己的行为给别人添麻烦了,会有些不好意思,并想着以后得多加注意。"

老张点头表示赞同,接着往下讲:"由此可见,同样的语义会因为表达方式的不同而对人产生不同的心理影响。大部分人说话时会更加在乎自己语言的信息意义,却忽视了它的心理意义,这也是引发争吵的最核心原因。萨提亚在做家庭治疗时,核心方法就是运用各种技术帮助家庭中的每个成员了解自己的表达对其他人产生的心理意义。语言的信息意义是比较容易传递的,但心理意义却因个体的差异而体现出独特性,即使是同样的表达方式,对不同的人来说,感受也可能是千差万别的。"

齐维哲不解地问道:"按照这个逻辑,要想拥有良好的沟通,就得先向每个沟通对象去了解自己的话语对他们造成的心理含义,对吗?"

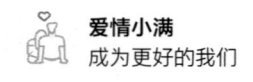

老张听了齐维哲的问题,微笑着回应:"理解得很到位啊!'向每个沟通对象去了解自己的话语对他们造成的心理含义',这已经是在努力创建良好沟通的过程中了!**沟通的本质并不是为了说服,而是促进彼此的了解。**你和甄柔嘉之间的沟,就是要通过沟通增加对彼此的了解,从而架起一座桥梁,连接你和她。"

甄柔嘉沉吟了片刻,突然兴奋地睁大了眼睛:"你说了这么多,我现在总算弄明白点了。沟通就是用来理解对方和自己的差异的。快给我们讲讲如何做吧!"

老张被甄柔嘉的话逗笑了:"你们俩可真是'不是一家人不进一家门'啊,都那么心急!以下步骤能帮助你们了解自己和伴侣理解语言的方式,并提升自己的表达效果。"

探索心理意义系统

第 1 步:回顾对你来说有特别心理含义的重要元素。

回答下列问题,将答案写在一张纸上。

- 某些对你有特殊意义的符号、人物、节日等;
- 某些对你有特殊意义的故事、历史人物、名人等;
- 某些你特别热爱的事物;
- 某位你特别崇拜、尊敬的人;
- 某部让你感动不已的电影、音乐、艺术作品;
- 某段让你记忆深刻的生活经历;
- 某位让你特别在乎的朋友、同事、老师、领导等。

探索到的这些人或事对你来说有什么特别的意义？

当你谈论这些话题时，会不会和平时有什么不同？别人对这些事物发表评论时，你会有什么样的反应？

通过这样的探索，你才能更加深刻地理解为什么同样的话语对于不同的人来说有着截然不同的心理意义，因为每个人的内在都有着不同的记忆，所以也有着不同的心理理解方式。

第 2 步：探索对你的伴侣来说有特别心理含义的重要元素。

要想更加深入地了解你的伴侣理解问题的方式，你就需要在日常生活中多去了解哪些重要元素对你的伴侣有特别的心理意义，这些话题在你们的对话中属于重点注意区域，要对你的话语多加留意，否则会很容易引起冲突。

比如，你的伴侣很感念自己的某位亲属小时候对自己的照顾，但最近这位亲属由于自身原因走了下坡路，日子过得比较惨。像这样的事，你就要非常留意你对这件事发表的评论，即便你说的话可能是客观的或者中肯的，但是也极有可能会触发你伴侣的情绪，觉得你在中伤这位亲属，因而和你开始辩论或者吵架。

当然，这是正常的，设想一下，假如有一个人随意评价你非常在乎或感恩的人，你会有什么样的反应呢？因此，你需要逐步搜集这些对于你伴侣有特别心理含义的重要元素。

最为有效的搜集方式是闲聊，在闲聊到比较愉悦的时候，会比较容易浮现出过去的重要元素，这时就能够加深彼此对于对方心理意义系统的了解。

除了闲聊以外，日常生活中被触动的时刻，比如，看电影、做某件事或者情绪波动时，有可能会让对方可以分享一些这样的元素。

要想有效地了解对方，就千万不能只顾及行动而不交流或者不

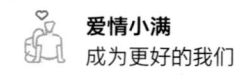

分享彼此的想法或感受，彼此交流想法、感受的频率越高，才越能够让彼此了解对方的心理意义系统。

第3步：回顾对你来说有特别心理含义的话语，探索你的心理意义系统。

如果说刚才探索的是心理意义系统的树干，那么现在我们就要探索心理意义系统的枝叶了，可以借助以下问题去探索。把答案写在一张纸上，能帮助你揭示更多对你有特别心理含义的话语。

- 你是否有过别人说了某些话语或某个词汇让你特别不高兴，但是其他人都劝你说不至于如此的经历？
- 你是否有过别人没有觉得某些话语或某个词汇能让你很开心，但是你听后很开心的经历？
- 你是否有过别人没有觉得某些话语或某个词汇让你不高兴，但是你听后很不高兴的经历？
- 你是否有过某些话语或某个词汇在别人听来很平常，但是你听后非常开心的经历？

回顾自己对以上的问题回答，这些答案有什么共性吗？

案例

A发现那些让自己高兴或不高兴的话语，都与自己的自尊心有关系，因此他发现自己的心理系统中有一个关键要素是自尊心。与自尊心有关的情景是，如果别人觉得A做得好，他就会特别开心；如果别人觉得A做得特别差，他就会非常沮丧。

当我们发现了某些共性的时候，就是发现了一些组成心理意义的关键核心，这些发现对于沟通来说是特别有帮助的。

第 4 步：回顾对你的伴侣来说有特别心理含义的话语，探索伴侣的心理意义系统。

按照第 3 步的方法去对伴侣使用，这会帮助你发现伴侣的心理意义系统。

除了上面的方式以外，还有一个更加简便的方式，即询问你的伴侣，对于做人、做事、说话等各个方面，你的伴侣在意什么。

对于这个问题的回答，是你的伴侣经过多年对自己心理意义系统的观察总结出来的成果，这有助于你在这一步做得更有成效。

基于心理意义系统的沟通

第 5 步：在自己身上练习基于心理意义系统的沟通。

参照前文中 A 表达和 B 表达的例子，回想一些你认为让自己感到不太舒服的话语，基于对自己的心理意义系统的了解，思考如何在不改变原意的前提下调整措辞，可以让这段话语令自己接受或变得更舒服。

调整之后，设想一下，假如有一个人能在大部分时间用 B 表达和你沟通，那么你和这个人相处时会有什么样的感受？

"己所不欲，勿施于人。"既然你喜欢跟在大部分时间用 B 表达和你沟通的人相处，那么你是否可以变成一个这样的人呢？如果可以，以后在生活中要如何对待你的伴侣？

第 6 步：尝试对伴侣使用基于心理意义系统的沟通。

在你能够熟练地做好第 5 步之后，就可以开始尝试这一步了。

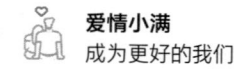

在每次想要对伴侣表达前，先试想一下这些话语是否能够通过改变措辞的方式，将它们从 A 表达改善为 B 表达呢？如果这样表达之后效果非常理想，就说明已经契合了对方的心理意义；如果效果不够理想，那么也不要气馁，可以继续探索，就会越来越好。

听完老张讲解的步骤，甄柔嘉说道："要做到这样还真不容易，毕竟大家在家说话时往往都比较随意。"

老张回应说："关系是需要经营的，亲密关系更是如此。在伴侣身上使用基于心理意义的沟通，会对亲密关系产生非常正面的影响，经过一段时间的练习和实践后，相信你们会有所体会。我仍然留点内容，供你们回去练习。可以按照下面的指导练习，并尽量凭借直觉来回答各个问题。"

1. 回想一次在你和伴侣沟通后，你预想效果本应很好、实际效果却非常糟糕的经历。

_____

_____

_____

2. 在这次沟通中，你的话语让伴侣产生了什么样的感受？产生这样的感受是因为伴侣的心理意义系统中存在哪种关键要素？

_____

_____

第一部分
从两情相悦到彼此生厌

3. 在你知道伴侣的这个心理意义系统要素后,以上的沟通过程可以如何调整?措辞可以如何调整?如果做了这些调整,那么这次沟通可能会有什么不同?

4. 总结一下,你的伴侣的心理意义系统中有哪些重要的元素?

5. 基于对这些元素的了解,今后你打算如何与你的伴侣更好地沟通,有什么新的计划?

6. 这次的内容给你带来了什么启发?

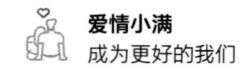

老张总结性地说道:"经过以上练习,你们应该能够更好地和对方沟通了。下次我将和你们分享与伴侣的情绪冲撞是如何产生的,又该如何化解。"

甄柔嘉和齐维哲点点头,起身准备离开。

"谢谢老张!今天收获很大。"齐维哲说完,又从包里拿出墨镜夹片夹在近视镜上。

甄柔嘉附和道:"真的收获很大,我现在就开始期待下个星期的见面了!"

第5章

争吵、冷战成了爱情最狰狞的模样

情绪的冲撞：情绪斗争的恶性死循环

处于亲密关系中的双方，最开始还是为事件本身而争吵，但是吵着吵着，争吵的焦点就成了谁该更被重视了。

再转两个路口就到老张的工作室了，齐维哲看时间还早，就把车速降下来，随着音响传来的曲调轻声哼唱着。甄柔嘉看着他悠闲放松的样子，又刻意瞥了一眼他脚上穿的新鞋袜，回想起两天前两人还在为引发脚臭的原因争得面红耳赤，音画犹然。

走进老张的工作室，故事和茶都和老张一起等在那儿了。

案例

小楠和小鸣在一起五年了。自从有了孩子之后，两个人吵架变得越发频繁，而且激烈程度不断升级。

一天傍晚，小楠在喂完小宝后自己胡乱扒拉了两口饭，刚要去收拾碗筷，小宝就跑过来缠着她讲故事。

小楠连忙蹲下身子对小宝说："妈妈先收拾一下，等收拾完就来给你讲故事。"说完刚要起身，小宝就伸开胳膊抱住小楠的脖子，哭闹着让妈妈讲完故事再收拾。小楠看了一眼正倚在沙发上看新闻的小鸣，翘着脚、吹着茶，一副事不关己的样子，小楠就气不打一处来，说道："我都累死了，你怎么也不过来帮我一下，就像孩子不是你的似的！"

听到小楠急了，小鸣赶紧放下手中的茶杯，招呼小宝："小宝，过来找爸爸，爸爸给你讲故事！"说着就伸手要去抱小宝。可是小鸣越是要去抱，小宝就越是紧紧地抱着妈妈的脖子不撒手。小楠本想着先让小鸣把小宝抱过去，就算小宝不愿意，等她忙完了再劝慰几句也就没事了，没想到小鸣叫了几声后看小宝不应，他就放弃了，还嬉笑着说："你看，也不是我不管孩子嘛，孩子不跟我，是我的事吗？！"看着小鸣的样子，小楠被现实击穿了，往日的辛苦和委屈一股脑儿地涌上心头，哭喊道："你巴不得孩子不找你呢是吧！自从有了孩子，你管过吗？对这个家，你管过什么？里里外外、上上下下，有什么不是我自己张罗的？！哪怕是油瓶子倒了，你都不会伸把手！"

小楠这一哭，把小宝吓坏了，也哇哇大哭起来。小鸣并没有料想到小楠会这么激动，一边抱起小宝笨手笨脚地拍抚着，一边哄小楠："好了好了，我错了，你别计较了，你看孩子都被你吓哭了！都当妈的人了，咱就别耍小孩脾气了。"

小宝哭着要妈妈，小楠心疼孩子本不想再吵下去，可听到小鸣

第一部分
从两情相悦到彼此生厌

说"耍小孩脾气"又火了。一把抱过小宝，冲着小鸣质问道："我怎么耍小孩脾气了！我为你、为孩子、为这个家，任劳任怨，没人帮、没人扶，实在委屈抱怨几句就说我耍脾气……这日子没法过了！"

小楠越说情绪越激动，小鸣开始还陪笑着，听到小楠说"日子没法过了"，小鸣的情绪也上来了："你是觉得我每天不累是吗？我这工作了一天，在单位看老板脸色，回家看你脸色，你是觉得我每天都出去玩了是吗？"

小楠回怼着："全天下就你最累行了吧！我为了你来到这个城市，还为你生了孩子，我放弃工作在家带孩子，全力支持你，我的辛苦从来没跟你说过吧！我是欠你的吗？我做这么多，只换来你这么对我吗？！你太忘恩负义了吧！"

小鸣也毫不示弱："你说你没说过？每次吵架你都把这一套说一遍，就像说你的血泪史似的，我平时对你不好吗？我挣的钱都给你和孩子花了，你还要我怎么做？一吵架你就拿这个来道德绑架我！"

他们每次争吵都是这样，各不相让，步步紧逼，愈演愈烈。

听了别人的故事，甄柔嘉又代入了自己的情绪，说道："唉，家家都有一本难念的经。我们前两天也是因为一件小事争执了起来。我说他脚臭是因为细菌问题，会影响健康，他却非说我嫌弃他。"

齐维哲有点尴尬，赶紧接过话来说："咱们充其量是在观点上不一致，可跟他们不一样啊，他们都说到'日子没法过了'，老张你说是吧？"他给老张使个眼色，想让他赶紧和自己一起安抚甄柔嘉被代入的情绪。

老张笑笑，心领神会，接着齐维哲话往下讲："在关系尤其是亲

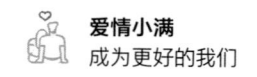

密关系中，像小楠和小鸣那样的吵架其实是很常见的，这是一种非常典型的情绪冲撞式吵架。"

甄柔嘉惊讶地问："啊？吵架和吵架还真不一样啊？"

老张点点头，说道："这种情绪冲撞式的吵架往往会带来更加严重的后果，因为双方都处于激烈的情绪状态中，并在这种情绪的推动下最后演变为针对对方这个人的言语攻击，这就会让双方感到自己受伤了，通过说一些狠话来伤害对方。"

甄柔嘉听后瞬间回想起几个和齐维哲吵架的片段，点头说道："嗯嗯，确实是！"

齐维哲也感触良多地点点头，问道："可这是为什么呀？曾经相爱并生活在一起的两个人，为什么会恶狠狠地伤害对方呢？"

老张赞许地看着齐维哲："这真是个好问题！值得咱们好好探索一下。为什么会发生情绪冲撞式的吵架呢？这与我们在吵架的过程中感受到了什么有关。既然你们提到了前几天吵架了，那么咱们来复盘一下当时是怎么吵起来的。"

一听要复盘，齐维哲的嘴角无意识地抽动了一下，尽管很细微，但仍被老张捕捉到了。他温和而坚定地看着齐维哲，说道："亲密关系其实不怕'吵架'，大部分不是原则问题，说明白了都不是事儿。可往往吵来吵去也没吵明白，俩人都各自生气去了，时间一长，双方都不记得当时是因为什么而吵的了。可是，那种'你气着我了'的感觉留在记忆中是忘不掉的。感情就是这么一点点被损耗的。"

齐维哲显然听进了老张的话，缓慢且认真地点了点头。

第一部分
从两情相悦到彼此生厌

在甄柔嘉听老张刚才说要复盘时,本是一副跃跃欲试让老张好好评评理的架势,但在听了老张这一番话后也有所触动。她沉默片刻,在脑中重新组织了一下语言后才张开口,慢慢地说:"齐维哲汗脚,其实他自己也挺注意的,每天勤洗脚、勤换袜子。虽然还是有味道,但是也还好。最近他开始注意锻炼身体,我特别支持,但就是运动多了爱出汗,而且他每天都只穿那一双运动鞋,味道就有点大了,我抱怨过几次。"

甄柔嘉说到这儿,停下来看了一眼齐维哲,见他没说什么,又继续说道:"抱怨完了,我其实也在想,人家好不容易运动起来了,这是好事呀,那这味道的问题有没有解决的办法呢?我查了很多资料,发现有研究说,脚臭其实是由细菌导致的,只要把细菌消灭了就好了。于是,我又开始搜一些灭菌的产品,想着能解决问题,就买来给他试试。他呢,看到我做这些却非说我嫌弃他,可是我不认可啊,我们就吵起来了。"

齐维哲有些难为情地说:"后来我不是也听你的了吗?"

老张看着齐维哲,目光依旧平静温和,问道:"甄柔嘉说了什么让你感觉到自己被嫌弃?"

甄柔嘉刚想辩解,老张看了一眼甄柔嘉,示意她先不要说话,然后不急不慌地说:"先让齐维哲说说。"

齐维哲的表情不由得转为低落,低声说道:"她说味道大。她说得也对,可我也没办法啊,我每次回家后都赶紧洗脚了,但就算洗了也不能完全没有味道啊!她还嫌我袜子臭、鞋子臭,这不就是嫌弃我嘛!"

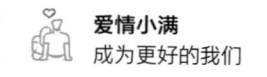

老张继续问道:"甄柔嘉抱怨的问题你也是知道的,但是你不知道怎么解决,对吗?"

齐维哲低下头,回答道:"对。"

"你认为她对味道的嫌弃,就是对你的嫌弃,对吗?"

"对。"

甄柔嘉又想说话,老张再次对她摇摇头,示意她不要说话。甄柔嘉有话不能说,憋得脸通红。

"现在你感觉怎么样?"

齐维哲的头更低了,说道:"无地自容,很丢脸。"

听到这里,老张看着齐维哲赞赏地说道:"你很棒,齐维哲。你能坦诚地把自己感受到的痛苦讲出来,并不是每个人都有勇气这么做的。讲出来后,你感觉怎么样?"

听老张这么问,齐维哲沉思片刻,有些惊讶地说:"说出来之后,好像有点释然了。"

老张点点头,同时也不忘看看甄柔嘉,解释道:"情绪冲撞式的吵架就是这么开始的。一方把另一方言语所承载的信息做了这样的解读——'我是被嫌弃的''我是不被重视的''我是错误的',从而唤起了各种负面的情绪。接下来,双方都开始想要证明自己,便拉开了权力争夺大战,想在'谁应该在此时更被重视'这一点上一争高下。"

老张说得口干便停了下来,拎起茶壶先给二人斟茶,然后自己也端起茶杯轻嘬一口。等三人纷纷喝完这一泡茶,老张才再次开口,

第一部分
从两情相悦到彼此生厌

接着讲了起来:"在咱们今天一开始讲的案例中,小楠和小鸣争执的也是这个。小楠想要小鸣看到自己带孩子、忙家务的操劳,小鸣则想让小楠体谅自己在职场打拼的艰辛。双方都觉得自己有充分的理由应当更'被重视',但是现在自己没有得到应有的'被重视'。"

齐维哲像是发现了什么,声音都因此更清晰了一些,说道:"好像还真是,我和嘉嘉经常因为一件事,说着说着就吵起来了,都是陷入了这样的循环——到底该听谁的?"

甄柔嘉也表示认同:"嗯,所以问题总是没解决。有时我真的觉得没法跟你沟通,可真的无解吗?"

两人同时看向老张,他被他们这个共同的举动逗笑了:"哈哈,肯定不是啊!问题不是问题,如何应对问题才是问题。你们俩现在还没孩子,不知道是否留意过,两三岁的小孩在奔跑时不小心摔了一跤后他的第一反应是什么?"

齐维哲不假思索地说道:"哭呗,还能是什么啊!"

老张摇摇头,说道:"还真不是。他会先用眼睛找,看看妈妈在哪儿呢,妈妈有没有在看自己。只有孩子确认了妈妈在看着自己,他才开始哭;要是妈妈没看着自己,他就会特别大声地哭,好让妈妈知道自己摔了。"

甄柔嘉新奇地问:"真的啊?孩子是在寻求关注吗?"

老张回应道:"是的。权力争夺也好,宣泄情绪也好,其实都是想要'被重视',让自己获得关注。其实我们从婴儿期起,就已经学会了运用情绪的力量。我们一哭,妈妈就来安抚我们了,让我们的情绪得到照顾,也有人为我们的情绪负责。因此,我们在日后就形

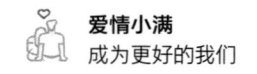

成了这样的反应模式——遇到问题—基于自己的沟通姿态去表达情绪—获得关注—问题解决。这个反应模式就像程序一样根植于我们无意识的最深处。随着我们慢慢成长,在这个反应模式的作用下,我们解决了很多生存难题。"

齐维哲思考了一会儿,然后有点不敢相信地看着老张,说道:"你的意思是,两个大人在用婴儿的模式吵架?!"

老张点点头,说道:"是的,那么为什么我们在小时候用这个模式并不会引起冲突,但在亲密关系中会呢?这是因为在孩子感到受伤,即被激起情绪波动时,父母会优先考虑孩子。因此,孩子会慢慢觉得自己在受伤时是有特权的,这种特权就是刚才说的被重视、被照顾、被优先考虑。"

说着,老张拿出纸和笔,画起了图(见图5-1)。

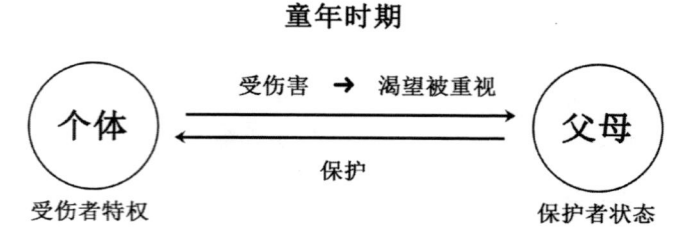

童年时期

图 5-1 个体在童年时期与父母的关系模型

老张继续说道:"但是在亲密关系中,吵架会导致双方相继被激起受伤的感受,即产生情绪波动,因此都会进入这种童年时期的希望被重视、被优先照顾的状态,这样就产生了冲突,谁也不肯退让,让情绪冲撞持续下去、愈演愈烈。也就是说,双方最开始还是为了事件本身而争吵，但是吵着吵着，争吵的焦点就成了谁该更被重视了，此时的吵架就是情绪冲撞式的吵架。"

接着，老张又在另一张纸上画了起来（见图 5-2）。

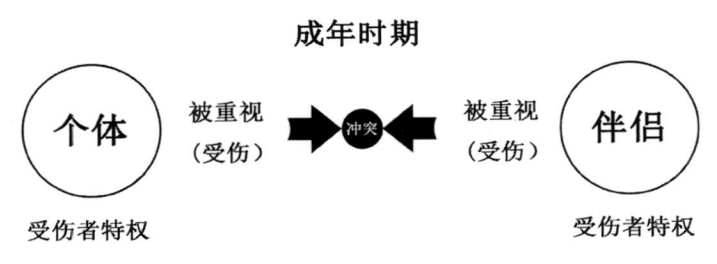

成年时期

个体 —— 被重视（受伤） → 冲突 ← 被重视（受伤） —— 伴侣

受伤者特权　　　　　　　　　　　　　　受伤者特权

图 5-2　个体在成年时期与伴侣的关系模型

齐维哲拿过这两张纸，仔细地看了一会儿，说道："原来是这样……如果可以不进入这张图中的模式，是不是就能避免转变为情绪冲撞式的吵架呢？"

老张认真地回答道："确实是。其实，任何反应模式都没有好与不好之分。之所以能形成模式，然后被我们的潜意识存储起来并加以运用，是因为在我们漫长的成长过程中，甚至是在我们还不具备解决问题的能力之前，我们只能请求更有能力的人来帮助我们解决自身的问题。小时候这样倒是没什么，但是人总是要长大的，对吧？很多人其实并没有意识到，情绪是一种内在体验，属于我们的感受，为我们所拥有。**在成长过程中，我们要逐渐学会拥有自己的感受而不是被感受控制，还要对自己的感受负责，这就是情绪上的成熟。**事实上，并非每对伴侣都会陷入情绪冲撞式的吵架循环中，情绪越成熟的人越容易走出这个漩涡，就像你刚才说的那样。"

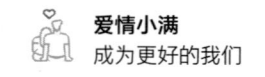

甄柔嘉问道:"情绪成熟和情绪稳定是一回事吗?"

老张答道:"基本是一回事,但这并不是说情绪成熟的人就算遇到重大的事也不会有大幅度的情绪波动。准确地说,情绪成熟的人能够较快地做出情绪调整,让自己回到较适当的情绪状态中。总而言之,情绪成熟意味着一个人的心理状态能够容纳他当下所感受到的任何情绪(包括正向的和负向的),而不是一感受到情绪——尤其是负向的情绪——就退行到婴儿模式的心理状态。这个心理品质对于我们成年以后的生活真的非常重要。"

齐维哲问道:"那要如何辨别自己的情绪是否成熟呢?有什么标准吗?"

老张耐心地解答道:"其实我刚刚已经提到了,具体到行动上就两点。第一,接纳自己的情绪,而不是被情绪控制;第二,为自己的情绪负责,而不是让别人来负责。咱们一个一个来说。齐维哲,我问你,当甄柔嘉的抱怨让你感觉到无地自容、很丢脸的时候,你对于无地自容、丢脸的自己有什么感觉?"

齐维哲被老张这样一问,一下子又被拉回到那种让他感到痛苦的状态中,他从脖子到耳根处的皮肤都微微泛起了红晕,他再次压低了声音说道:"我感到很羞耻、很难堪。我不想在嘉嘉面前这么无地自容、这么丢脸。"

甄柔嘉完全想象不到当时大叫大嚷的齐维哲心里竟然是这样想的。老张听了齐维哲的回应后也压低了声音,带有几分安抚地说道:"是的,你不想在甄柔嘉面前无地自容、丢脸,这让你感到很羞耻、很难堪。因此,你是不接纳自己的无地自容和丢脸的。任何情

第一部分
从两情相悦到彼此生厌

绪都没有好与不好之分,它们只是在向你传递一个个信号。因为你认为她在嫌弃你,所以才会让你感到不舒服。听起来,你希望自己在嘉嘉面前有个正面的形象,而且你也希望甄柔嘉对你是包容的,对吗?"

齐维哲抬起刚刚低着的头,看了甄柔嘉一眼,她温柔地伸出手,在他的手臂上轻抚着。爱人的抚慰让齐维哲从刚刚的沮丧中出来了,他平静地说:"是的。"

老张观察到了这些细微的变化,问道:"我感觉到你的情绪发生了一个小小的变化,我有点好奇是发生了什么?"

齐维哲回答道:"当我说到自己很羞耻、很难堪,不想让嘉嘉看到我那副无地自容、很丢脸的样子时,我很希望嘉嘉不要嫌弃我,而是要包容我。想到这儿,我记起没过几天,嘉嘉就把我的鞋子拿到干洗店洗了,还给我买了更吸汗的运动袜和足部除菌喷雾,后来就真的没有味道了。其实她不是嫌弃我,而是担心我的健康。"

甄柔嘉听后睁大了眼睛,看着老张说道:"这一切是怎么发生的啊?怎么这么神奇啊?你不知道前几天我们俩为这点事吵了多少回,最后还是在我的逼迫之下他才换的鞋袜,我还天天追着给他鞋里喷除菌喷雾。"

老张笑了笑,解释道:"当人们不能接受自己的感受时就会带着极其强烈的拒绝和否认,不断地与自己的感受做斗争。然而,感受是属于我们自己的——好的感受是,不好的也是。在我的咨询工作中,我的很多来访者曾被困顿在强烈的不愉快感受中,当他们看到自己的感受时,往往能找到改变的力量,而这个力量仅仅是因为——看到。就像齐维哲看到并了解了自己的无地自容、丢脸来自他认为你嫌弃他,了解自己的羞耻来自不想让你看到他的难堪,想要得到你的包容。这样一来,他就获得了转化之门的钥匙,也拥有了将感受转化为资源的力量,以及以一个真正客观的视角重新解读的力量。"

齐维哲努力地将老张的这段话消化了一会儿,说道:"这么看来,情绪上来后,还真需要给自己按个暂停键,好好体会体会。可是话虽这么说,但火气上来后很难刹住车啊!"

老张回答道:"这确实需要一个学习的过程。我们要做的就是探索感受背后的内在历程,转化就发生在探索的过程中。也就是说,我们要去探索我们在感受的背后知觉到了什么?我们对这些知觉到的事物赋予了什么样的意义?我们感受到了什么?我们对于这些感受又有什么感受?我们有什么期待?我们内心的渴望是什么?一旦我们开始确信这些感受真切地属于我们、是我们自身的一部分,我们就在这些感受和自我——也就是拥有者——之间建立起了新的关系。如果我们能接纳、允许自己的感受,就可以以一种更加开放、自由和健康的模式,将它们转化为一种具有自我关怀和自我管理性质的资源了。此时,我们也就能很自然地做到情绪成熟的第二点——为自己的情绪负责了。不着急,我们后面慢慢来探索。"

齐维哲和甄柔嘉不约而同地点点头。甄柔嘉想了想,又问道:"老张,今天这内容看似简单但掌握起来难啊!你再给我们讲讲具体步骤吧!"

老张高兴地说:"你们俩这样的状态最好了!这就是走向情绪成

熟、为情绪负责的开始啊！要想降低在亲密关系中发生情绪冲撞式的吵架的可能性，可以按照下面的步骤来做。"

探索情绪成熟程度

第1步：回顾自己与伴侣吵架时的情况。

以下问题可以帮助你了解自己的情绪成熟度。

- 在你与伴侣的争吵中，是否发生过情绪冲撞式的吵架？占比多少？
- 在你与伴侣的相处中，你是否觉得他在某些时刻有义务去优先照顾你？在这些时刻，如果他没有优先照顾你，你会有情绪吗？是什么样的情绪？强烈程度如何？
- 你是否很容易埋怨伴侣，总觉得他没有做到你想要的程度，觉得他做事做得不到位？你埋怨的频率有多高？他对你的埋怨有什么样的反应？

第2步：评估自己的情绪成熟程度。

第1步中的问题可以帮你意识到自己处于负面情绪中，你有没有为自己的情绪做点什么？还是宣泄了出来，试图让伴侣意识到并通过让他改变言行而让你的情绪得到缓解？

可以用0（最低）~10（最高）分的主观评测量表来评价，你给自己的情绪成熟程度打几分？

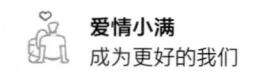

提升情绪成熟程度

第 3 步：试着承担生活中可以承担的责任。

这一步可以采取想象练习的方式进行：闭上眼睛，想象如果自己完全不期待依靠任何人，那么将如何展开自己的生活。可以想象更多细节，让脑海中的景象尽量更加生动。

具体而言，可以想象在任何人都不对自己负有责任和义务、任何人事物都不会自动改变的情况下，你将如何安排自己的生活？你要如何与别人沟通？你要如何经营亲密关系？

可以不断重复这个练习，直到你觉得自己无须刻意也能这样想问题，你就具有了承担责任的能力。

第 4 步：建设自主解决问题的能力。

每次发现生活中存在某种问题时，可以这样问自己：在不指望任何人、事、物自动发生改变的情况下，我能通过做些什么来实现我的目标或让一切变得更好？

如果无须刻意也能熟练地问自己这个问题，就意味着你已初步拥有了自主解决问题的能力。不过，生活毕竟是复杂的，并非问自己这个问题就一定能拥有足够多、足够好的解决方案。如果某些问题难以解决，那么可以这样问自己：我可以通过增加哪些条件（比如，信息、知识、技能、老师、学习、物资、研究、人脉等）来让问题得以解决？你需要不断地在生活中反复尝试、实验，以提升自己制订有效的解决方案的能力，从而提升自主解决问题的能力。

第 5 步：提升自我关怀的能力。

要想拥有自我关怀能力，就要先具备对自己身心状态的觉察能力，可以每天分多次暂停对外的事情，向内感知自己现在身体感觉如何、心理感受如何、情绪状态如何。把这个先暂停再由向外感知调整为向内感知的动作养成习惯,便拥有了自我身心状态觉察能力,从而在感知到自己身体不佳时,可以及时地进行自我关怀。此时,可以问自己以下问题,并按照你的回答去做,便是在进行自我关怀了。

- 我能为自己做些什么?
- 如果我没有对应的资源或技能,那么我去哪里寻找适当的资源可以获得我想要的感受?
- 我的身心是否经常会出现某些问题?我是否能通过购买什么东西或者学习某项技能的方式来改善这些问题?

老张饮了口茶,继续说道:"只要把以上这些养成习惯,就能慢慢拥有情绪成熟的心理品质了。你们回家后,这几天请按照下面的指导练习,并尽量凭借直觉来回答各个问题。"

1. 在你与伴侣的争吵中,是否发生过情绪冲撞式的吵架?占比多少?

_____

_____

_____

2. 如果用0(最低)~10(最高)分的主观评测量表来评价,那么你给自己的情绪成熟程度打几分?

爱情小满
成为更好的我们

3. 在你愿意承担起生活的全部责任后,你的生活发生了/会发生哪些变化?你计划如何去实现?

4. 当你自主解决问题的能力不断提升时,你对生活的感知发生了/会发生什么变化?你计划如何去实现?

5. 当你能够习惯性地自我关怀时,你的生活、情绪发生了/会发生什么变化?你计划如何去实现?

6. 在你拥有了情绪成熟的心理品质后,你和伴侣的相处发生了/会发生什么变化?

第一部分
从两情相悦到彼此生厌

7. 这次的内容给你带来了什么启发?

  甄柔嘉起身向老张告别，齐维哲的身体机械地跟在甄柔嘉后面，但仍在想着刚刚的对话。今天的经历让齐维哲感觉到自己的情绪像是坐了一趟过山车，心中不禁对老张又增加了几分敬佩。

第 6 章

吵不动了,也爱不动了

观点的战争:观点冲突的不断升级

<u>一个人三观的形成是需要一个过程的,而这个过程是由他过去经历的一件一件事情积累起来的。</u>

今天,一走进老张的工作室,甄柔嘉就闻到了一股特殊的香气。

"这是什么味道啊?闻起来就很舒服。"甄柔嘉不禁问道。

"陈皮。朋友昨天刚寄来的老陈皮,今天咱们一起尝尝。"老张边说边拿出两个干净的玻璃杯,为二人斟上已经煮好的陈皮水。

只见那淡琥珀色的汤水澄清透明,散发出的味道甘香醇厚。齐维哲端起杯,送到嘴边就是一大口。刚刚煮好的水,尽管老张已经提前晾一会儿了,但温度还不低。只见齐维哲吐也不是咽也不是,只得张开嘴巴倒吸一口气,待这口水在口腔中翻腾了几次才咽下。那样子好不狼狈,看得甄柔嘉忍俊不禁。齐维哲自嘲道:"味道不

第一部分
从两情相悦到彼此生厌

错,就是有点烫。"

甄柔嘉听齐维哲这样一说,也端起杯,吹了又吹才吸了一小口,赞叹道:"嗯,确实好喝!有一点点甜。"她转头看着齐维哲,继续说,"你要是喜欢喝,咱们也买点,这样你就能多喝点水了。你呀,一天都不怎么喝水,容易上火,还容易长结石……"

齐维哲不耐烦地打断了她,说道:"哎呀,又来了!中医提倡不渴不喝水。"

甄柔嘉刚想说点什么,看看老张,又不说了。她往沙发靠背上一靠,双手交叉抱于胸前。

老张笑着看看齐维哲,又看看甄柔嘉,说道:"那你不说,我就说了啊。咱们照例,先讲故事?今天这个故事的主角是我的两名来访者,我对他们的姓名和一些细节做了改动,以保护他们的隐私。"

齐维哲连连点头,对老张没让甄柔嘉再唠叨下去心怀感激。

案例

小丽和小京结婚六年,有一个不到三岁的孩子。随着孩子长大,小丽和小京在养育理念上的分歧越来越多。对于孩子到底去哪所幼儿园,两人从孩子一岁多争执到现在,眼看着今年孩子要入园了,两个人仍然各持己见。

他们来到我的咨询室后,再次提起这个话题时,小丽仍然难掩激动地说道:"我们又不是没有条件,为什么不让孩子去双语幼儿

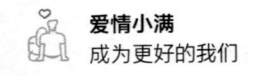

园？我们辛苦一点，孩子就能得到最好的教育，我绝不能让我的孩子输在起跑线上。"

小京不耐烦地看着小丽，说道："你又来了！上公立幼儿园怎么就让孩子输在起跑线上了？！教育专家都说了，孩子要快乐成长，不要让孩子从幼儿园就开始学习。你这是拔苗助长！"

小丽瞥了小京一眼："什么拔苗助长？！我早就考察过了，就是因为我支持'快乐教育'，才想让孩子去私立幼儿园。私立幼儿园多好——小班教学，老师也多，每个孩子都能被照顾到。外国老师每天带着孩子们做游戏，让孩子在游戏中就把英语学了。"

小京一脸不屑地说："外国老师？这外国老师是从哪来的你还不知道呢吧！他说的英语纯正不纯正？别到头来他教的英语还没有中国老师教得标准呢！我看你就是崇洋媚外！"

小丽不乐意了："我选个双语幼儿园就崇洋媚外，你什么都喜欢买进口的，你怎么不说你自己崇洋媚外呢！你就是不舍得给孩子花钱！"

小京也急了："我不舍得给孩子花钱？！家里孩子的东西，有用的没用的你一买一大堆，什么都要最好的，我说过什么了！还说我不舍得花钱！"

说着说着，二人的对话就转为了互相指责。

听到这里，齐维哲不由地说："唉！这俩人说话让我听着都起急，好话就不能好好说吗？"

甄柔嘉听齐维哲这么说，更是忍不住笑了："你还说别人呢，自己说话比谁急得都快！"紧接着，她话峰一转问老张，"呀，这是不是就是传说中的'三观不合'？"

第一部分
从两情相悦到彼此生厌

老张赞许地看着甄柔嘉，说道："老同学，你可越来越会抓重点了，听出他们的核心问题是观点冲突了！在人们出现观点冲突、各自僵持不下的时候，往往会用'三观不合'来定论。要依我说啊，'三观不合'说得有点早了，没准俩人连彼此的三观各是什么都没弄清楚呢！"

"啊？！"甄柔嘉和齐维哲不约而同地惊呼，面面相觑后又一起转头看向老张。

老张非常认真地回应道："不用这么惊讶。那我先问问你们，三观是什么？"

齐维哲不假思索地说："人生观、价值观、世界观啊！"

老张认同地说："对。三观指的是对人生、对事物、对世界的观点和看法，而且不是一般的观点和看法，而是从宏观的角度来说的、总体来说的看法。所以，一个人对人生、对事物、对世界的总体看法，是一句话、一件事就能代表的吗？如果只是在一件事上有观点冲突就说'三观不合'，那么是不是有点以偏概全了？"

齐维哲边听边思索，然后点点头，认真地说道："听你这么一问，还真有几分道理。"

老张接着说道："咱们拿人生观为例，人生观的形成是在人们实际生活过程中逐步产生和发展起来的。如果你对一个人没有足够的了解，那么你怎么能知道他是一个有着什么样三观的人？如果你没有好奇过他为什么这么看待人生、他这个人生观是如何形成的，那么你又怎么能算是了解了这个人呢？"

连着几个问句问得甄柔嘉和齐维哲来不及思考，听得云里雾里。

爱情小满
成为更好的我们

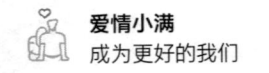

老张看着两人,不禁笑出了声,爽朗的笑声在宽敞的工作室里回荡。"没关系,咱们还是通过案例来说吧,能更好懂一些,我也跟你们说说我是如何带着小丽和小京解决了他们的'三观'问题的。"

听到老张说带着小丽和小京解决了冲突,甄柔嘉和齐维哲都睁大了眼睛,好奇心驱使他们听得更认真了。

案例

我问小丽:"刚刚听到你说'我绝不能让我的孩子输在起跑线上'时,我留意到你的手攥了一下,情绪和之前相比出现了波动。"

小丽听后很惊讶,她好像并没有意识到自己的举动。在她努力回忆时,我又问她:"你认为没有及时学英语会让孩子输在起跑线上,对吗?"

小京一拍大腿,惊讶地说:"你可说对了!她在让孩子学英语这事上都快魔怔了!"

小丽瞪了小京一眼,理直气壮地说道:"这是肯定的啊!都说'要赢在起跑线',要是英语没学在前面,以后不就输了吗?!"

小京不示弱地说:"我就不明白了,到了小学再学英语又能怎么样呢?那么多孩子都是从小学才开始学英语的,也没见他们落后太多啊,怎么就你的孩子不上双语幼儿园就不行了呢?放着好好公立幼儿园怎么就不好了呢?咱们家旁边的那家公立幼儿园是示范幼儿园,别人托关系都上不了,但因为我们户口在这里,直接就能上,可你偏不同意,非要去离家很远、学费很贵的双语幼儿园……"

没等小京说完,小丽立刻辩解道:"我就是想让孩子能早点有个

第一部分
从两情相悦到彼此生厌

英语启蒙,你英语也不好,我英语也不好,孩子以后怎么行?"

我问小丽:"为什么你认为没有及时学英语会让孩子输在起跑线上?"

小丽怔住了,眼中闪过了一丝难过,但只一瞬间的工夫她又恢复了正常,说道:"现在英语多重要啊,以后学什么都要靠英语啊!"

我留意到了小丽眼中那转瞬即逝的难过,轻声问她:"你刚刚想到了什么?"

小丽再一次怔住了,没有立即回答。小京疑惑地看看我,再看看小丽,又看回我。

我故意放慢了语速,压低了声音,轻声问她:"你看起来有点难过,是吗?"

小丽轻轻叹了一口气。原来,小丽小时候因为父母工作的关系,一直跟随父母在一个小县城生活。上五年级时,父母工作调动,一家人来到省会城市,并搬到了最繁华热闹的市中心。可是,因为小丽说话有口音,而且县城的小学并没有开设英语课,所以小丽听都没听说过英语,同学们都笑她土。由于她没有英语基础,再加上本来就有的口音,小丽读英语课文时总被笑。越被笑小丽就越不敢读,越不敢读就越学不好。尽管小丽其他科成绩很好,但她怎么学英语都学不好。最后也是因为英语成绩不行,小丽考研落败。

小丽从未和小京说过这段隐秘的历史。小京看着默默流泪的小丽,想安慰她又不知如何安慰。我见状把纸巾盒递给小京,小京连忙抽了两张纸巾塞到小丽手中。

待小丽情绪平静一些,小京才开口说话,语气明显柔和了许多:"我不让孩子上私立幼儿园真不是因为钱的问题,你看你给孩子花钱,给你自己花钱,我什么时候拦过?我挣钱不就是给你们花的嘛!我不想让孩子上私立幼儿园,主要是因为担心私立幼儿园的老师流动性大,对孩子不好。而且,这几年还有不少关于私立幼儿园的负面新闻,看得我也挺担心的。"

我重复着小京的话:"你主张孩子上公立幼儿园,是因为担心私立幼儿园老师流动性大,对孩子不好。而且,这几年关于私立幼儿园的负面新闻也让你担心。"

小京点点头。

我又转头看向小丽,问道:"小丽,你坚持让孩子上双语幼儿园,是想让孩子早学英语,以免以后遇到和你一样的困境,对吗?"

小丽也点点头。

我说:"哦,原来你们都是带着自己的经验希望孩子好。"

我在说这句时,故意盯着小丽的眼睛。小丽看着我,似乎想到了什么,但欲言又止。小京在一旁若有所思,并没有注意到小丽的行为细节。

过了一会儿,小京说:"你要是还想让孩子上私立幼儿园就上吧。倒也不见得所有的私立幼儿园老师都会对孩子不好,肯定还是好的老师居多。"

小丽看着小京,一时竟不知道该说些什么。她迟疑了一下,缓缓地说:"我想还是听你的吧,让儿子上公立幼儿园吧。是我自己当年输在了起跑线上,但儿子并没有,他和别人一样,站在同样的起跑线上。我应该相信儿子,看他现在话这么多的样子,应该很有语言天赋。"

听完这个案例,齐维哲欣喜地说道:"哎呀,真是峰回路转啊！"

甄柔嘉仍皱着眉头，不解地问："他们一开始都吵成那个样子了，怎么说着说着就都退让了呢？"

老张耐心地解释道："咱们一点一点来解析。起初，小丽和小京因为孩子上幼儿园的事各有各的坚持，他们在吵架中也各持己见。不过，基于咱们这几个星期的聊天可知，他们说出来的理由并不是他们真正坚持的理由，对吧？"

"是的！"甄柔嘉和齐维哲异口同声地说，然后相视一笑。

老张继续讲道："之前咱们提到过冰山，今天再结合这个案例来说说，能有助于你们理解。萨提亚模式常会用冰山这个隐喻来形容一个人的内在系统。"

"什么叫内在系统？"齐维哲问。

老张微笑着说："你带着这个问题听，看看我说完后你自己能不能得出答案。按照阿基米德定律可知，漂在水平面的冰山，露出水平面的部分大概只占冰山整体的八分之一，绝大部分藏在水平面下。咱们看小丽和小京的吵架中外显的部分，就是能被我们观察到、感知到的类似露出水平面的部分，这个部分包括，他们说的话、身体动作，也就是**行动**，以及行动对应的**应对姿态**，包含沟通姿态。还有一部分是内隐的，不能被直接观察到，包括另外的六个层次，也被统称为内在体验。"

讲到这儿，老张顿了顿，看向甄柔嘉和齐维哲，以确认两人是否跟上了他的思路。为了让他们更好地理解，老张拿出纸和笔，在纸上边画边讲（见图 6-1）："内在体验包括，感受、感受的感受、观点、期望、渴望和自我。小丽为什么坚持让孩子上双语幼儿园呢？"

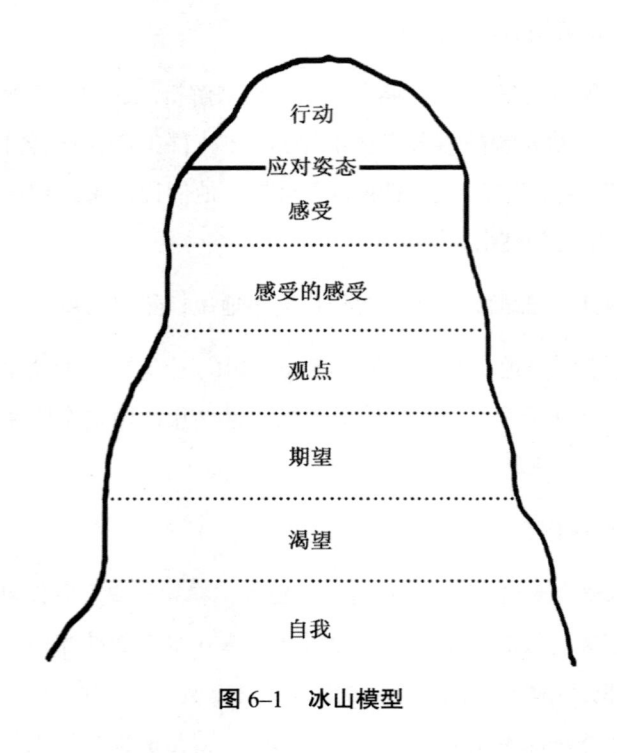

图 6-1　冰山模型

（冰山模型从上至下：行动、应对姿态、感受、感受的感受、观点、期望、渴望、自我）

"因为她之前在这方面吃过亏。"齐维哲回答。

"是的。小时候的经历让小丽现在想起来感到难过、挫败，这就是**感受**。关于这种难过和挫败的感受让小丽感到很羞耻，所以她从未跟小京提起过，这个羞耻感就是**感受的感受**。我们都会总结过去的经验并形成**观点**，储备起来用以解释、应对复杂多变的客观世界。从这个角度来看，观点对于个人应对现实世界的作用特别像地图。

小丽从这段经历中总结出了什么经验呢?"

甄柔嘉回答:"自己学英语比别人晚了,所以孩子得早学。"

老张点点头:"是的,没有及时学英语孩子就会输在起跑线上。这是她的观点,也是她的地图。然而,地图并不是实地[①],想象并不等于事实本身。随着时代的发展,小丽曾吃过的亏,她的孩子不可能再遇到了。"

齐维哲听到这儿,忍不住地说:"嗯,而且小丽曾吃过这么大的亏她也没跟小京说过啊!也就是说,她和小京各自拿的地图不一样,小京怎么能理解她舍近求远花高价是为孩子好呢?"

老张赞许地看着齐维哲说道:"你说到重点了,小丽和小京争吵的根本原因就是两个人拿的地图不一样。还有一点,是甄柔嘉刚才提到的——小丽学英语曾比别人学得晚了,于是她**期望**孩子不要踩她踩过的坑。也就是说,她自己在小时候没得到接纳和认可,便希望儿子能得到。在小丽的心中,她**渴望**自己能被认可、被接纳。基于这段经历带来的感受、感受的感受、观点、期望、渴望,小丽就形成了一个对于自己的感知——她认为自己是不被接纳的、不被认可的,即小丽的**自我**。我讲到这里,你们有没有发现?小丽的感受、感受的感受、观点、期望、渴望和自我是互相影响的,正因为有这些内在体验,小丽才会有那样的行动和应对姿态。冰山的各个层次是一种彼此联动的状态。"

[①] "地图并不是实地"是一个心理学用语,源自格雷戈里·贝特森(Gregory Bateson)的《心灵与自然》(*Mind and Nature*)一书中的"地图非疆域,名称非所名之物",用以表达我们心灵中的表征与自然中的实际之物并非同样的,应该区别来看待。

爱情小满
成为更好的我们

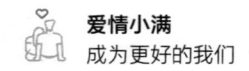

齐维哲有些不太笃定地问:"因为互相影响,所以说这是一个系统,对吗?"

"非常正确!"老张不禁拍起手来,然后又拿出了一张纸,边画边讲(见图6–2),"讲完冰山,再说三观的形成就好理解了。一个

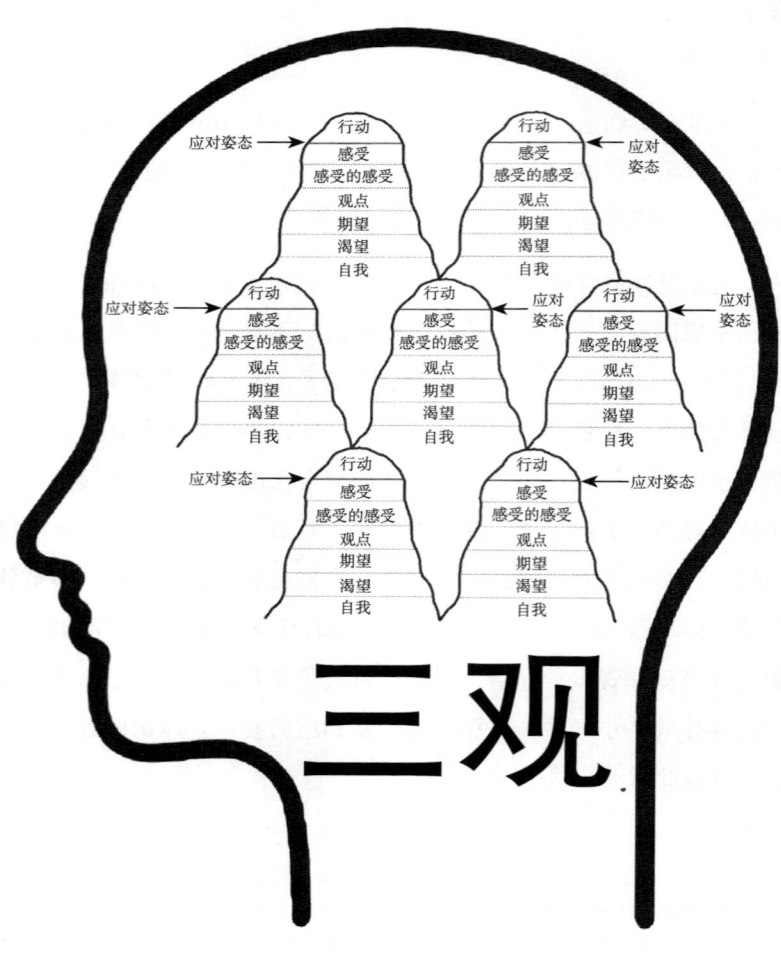

图 6–2　三观图

第一部分
从两情相悦到彼此生厌

人三观的形成是需要一个过程的,而这个过程是由他过去经历的一件一件事情积累起来的。人处在事件中时,内在系统处于运作状态,这些行动、应对姿态、感受、感受的感受、观点、期望、渴望、自我会互相影响。在每件事情中,人都会形成自己对事件的观点和看法。经历过的所有的事件,形成的观点和看法,叠加在一起又形成了一个系统,也就是人的认知系统。人的三观就是在这个不断经历、不断体验,各种人、事、物的过程中形成的。"

老张讲完,齐维哲又沉思了片刻,然后说道:"这么一说,我们动不动就说'三观不合'确实草率了。"

齐维哲话音刚落,甄柔嘉迫不及待地问老张:"所以,你就是帮助他们看到了彼此的'三观'是怎么来的,对吗?"

老张点点头,继续耐心地给甄柔嘉讲:"在小丽把自己的这段经历讲出来后,小京才知道小丽始终坚持的'让孩子上双语幼儿园,这样才不能输在起跑线'的观点到底是由什么支撑着的。小京知道那对小丽来说是难以释怀的心结,自然就能够包容她并理解她是为孩子好了。经过沟通,小丽和小京增加了对彼此的理解,放下了对自己观点的坚持,提升了通过协商解决问题的能力,找到观点背后的共同目标,冲突便解决了。"

讲完这些,老张长舒了一口气,那样子像是完成了一项大工程。老张看看还在思考的甄柔嘉和齐维哲,先给自己杯里倒上陈皮水,连喝了两大口,才又给二人杯里也添上,说道:"别光顾着想,边喝水边想!齐维哲,水能让你的思路更通畅。"说完,他故意看看齐维哲,然后又看看甄柔嘉。

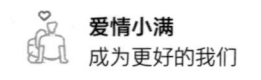

齐维哲笑道:"在喝水的的问题上,我们俩也有冲突。"

甄柔嘉斜了齐维哲一眼,说道:"这哪算什么冲突?!你就是把我对你的关心当成了驴肝肺!"

老张笑眯眯地看着两人,放下水杯说:"说到冲突,**人们在面对与自己观点不同的信息时,会本能地产生一种心理不适,这种不适会促使人们坚持自己的观点、排斥其他观点。这其实是一种认知失调。**其实,不仅是我们这些普通人,哪怕是最有智慧的人、最伟大的哲学家,也会坚信自己秉持的观点是绝对正确的。当然,很多伟大的哲学思想也正是在这种坚持之下,经过激烈的思想碰撞,最终诞生出来的。不过,在亲密关系中,要是夫妻双方各持己见,就只能引发观点冲突,并让冲突不断升级,进而演变为观点战争,最终导致关系走向破裂。"

齐维哲说:"这样看来,要想解决观点冲突,就要去了解观点背后的原因。"

老张认同地说:"没错!还可以反过来说——如果了解了观点背后的原因,那么不仅可以解决观点冲突,还可以以观点为起点,去了解与观点有关的应对姿态、感受、感受的感受、期待、渴望和自我价值感,使我们有机会撬开冰山的一角,真正走进一个人的内在系统,真正去了解一个人了,也才谈得上是真正的爱。"

甄柔嘉问:"为了预防引发观点冲突,我们可以怎么做呢?"

老张回答:"要遵循防微杜渐的原则,以下是具体步骤。"

第 1 步:回顾自己与伴侣发生观点冲突的情况。

回想一次比较激烈的观点冲突，然后问自己这样的问题：

- 当时是如何发生的？
- 当时的对话过程是什么样的？
- 还能回想起更多吗？

上述问题可以帮助我们回想起那些观点冲突的实际情况，能为后续步骤奠定基础。

第 2 步：评价自己对于所秉持观点的坚信性及实际影响。

过去你与别人发生观点冲突时，你在多大程度上相信自己的观点是正确的？

以下是关于坚信性具体表现的分级，能帮助你更好地探索上面的问题。

如果对方与你持有相反观点，那么你的感受、想法和准备的行动如何？

- **最高坚信性**：很愤怒，感觉对方特别愚蠢，想让对方停止捣乱。
- **较高坚信性**：不高兴，感觉对方的想法肯定不对，应该去扭转对方的这个错误想法。
- **中等坚信性**：郁闷，感觉对方的想法不太对，可以试着让对方理解更加正确的观点。
- **较低坚信性**：情绪没有太大的波动，意识到对方的想法和自己的不同，虽然自己并不赞同对方的想法，但是可以各自保留、求同存异。
- **最低坚信性**：情绪没有太大的波动，认为对方的想法和自己的不同是很正常的，并发现对方的想法也有可取之处，值得彼此好好

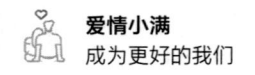

探讨一下。

如何探索你对观点的坚信程度给亲密关系带来的影响呢？可以借助以下问题：

- 你对自己观点的坚信程度，与你和伴侣的观点冲突有什么关系？
- 你在其中起到了什么作用？
- 如果你没有这么高的坚信程度，那么会有什么不同？

放弃自己在亲密关系的对话中论证观点的正确性是非常重要的，这能减少许多亲密关系带来的伤害。请记住，家不是讲理的地方。

第3步：评价自己秉持观点的可实证性。

过去你与别人发生观点冲突时，你所秉持的观点有多大比例是能够通过实证检验的？

这个比例越低，说明你越喜欢探讨抽象的概念问题或你生活之外的难以调查的问题，对于这些的探讨及冲突对于生活没有益处，建议可以找同一领域的爱好者进行探讨，而不是与伴侣探讨；这个比例越高，说明你越喜欢探讨具体的操作性问题，这些探讨对生活有帮助，也是亲密关系中的双方需要面对的实际问题。

第4步：让谈话从"坐而言"到"起而行"。

过去你与别人发生观点冲突时，你的话语中有多大比例涉及此事的具体行动方案？这个比例越低，说明这个谈话越没有实质内容，双方只是在进行空谈式的争论，对实际问题毫无帮助。

请回忆一次发生观点冲突的情况，反思在这种情况下，你可以提出哪些能解决实际问题而不是让对方停留在观点冲突的空中楼阁上的行动方案？

多加练习，将这个心理过程形成无意识的习惯，这是具有走出观点冲突能力的至关重要的一步。

第 5 步：彼此协商找到能够达成共识的行动方案。

基于第 4 步，你跳出了观点冲突并提出了有益于现实的解决方案，接下来是邀请对方共同寻找一个双方都能接受的行动方案版本，协商行动方案涉及的对话都会是带入实际情况的规划，双方通常都能达成一致。

如果双方在一些行动上存在分歧，那么可以尝试运用向实际经验取经或小成本尝试法等方式，用实际行动或实验获取的经验来平息分歧，最终找到双方能够达成共识的行动方案，让双方接下来的行动步调保持一致。

老张喝了一大口水，说道："只要按照以上步骤来做，并将它们养成习惯，就能慢慢减少观点冲突，甚至消灭观点战争了。接下来算是给二位今天的作业。请按照下面的指导练习，并尽量凭借直觉来回答各个问题。"

1. 回想一次比较激烈的观点冲突是如何发生的？当时的对话过程是什么样的？还能回想起更多吗？

_____

_____

2. 在发生这次观点冲突时，你在多大程度上相信自己的观点是正确的？你对于自己观点的坚信程度与这次观点冲突有什么关系？你在其中起着什么作用？如果你没有这么高的坚信程度，那么会有什么不同？

_____

_____

_____

3. 在这次的观点冲突中，你所秉持的观点能否通过实证检验？你真的去检验过吗？

_____

_____

_____

4. 在这次观点冲突中，如果放弃观点层面的探讨，并在实际行动层面上提出具体、可行性高的方案，那么你会给出什么样的行动方案？

_____

_____

_____

5. 你觉得你的伴侣会给这个方案提出什么样的调整？你们最终可能会达成什么样的行动方案？

_____

_____

_____

6. 如果彻底掌握了本次的内容,那么你的生活会发生什么样的改变?

7. 这次的内容给你带来了什么启发?

老张继续说道:"多做这个练习,你们就能提升超越观点分歧的沟通能力,从而有效地改善你和伴侣之间的观点冲突了。下次见面时,我想和你们聊聊亲密关系的破裂是如何产生的,又该如何改善。"

齐维哲知道刚刚讲到喝水的冲突时勾起了甄柔嘉的情绪,一直想着怎么缓和一下。听了老张的作业,齐维哲说:"咱俩回去好好完成作业,也讨论一下关于喝水的冲突,增进对彼此三观的了解嘛!"

甄柔嘉点点头。

"这样好,学以致用。了解多了,沟通时冲突就少了,共识就多了,伴侣之间的关系就更加融洽了。"

第 7 章

原来骑白马的不一定是王子

关系的危机：自我幻想的破灭

人是由家庭塑造出来的，也是从家庭中学会了对爱的加工方式。因此在面对关系问题尤其是亲密关系时，还是应该回到家庭中去解决。

齐维哲难得遇到一个工作结束得早的星期四，特意先跑去菜市场买了菜，准备好好做顿饭和甄柔嘉一起吃。在厨房忙活了一阵子后，看到自己精心烹制的菜肴摆在桌上，齐维哲的心里满是得意和满足。

"全是肉菜啊！你明明知道我减肥，还故意做一大桌肉菜。"甄柔嘉落座后，一边说一边夹起一大块炖牛腩放进嘴里。

"哎，你这是倒打一耙啊！明明自己喜欢吃肉，又控制不住嘴，甩锅给厨师就不公道了。"齐维哲笑着说。

两人哈哈大笑。

第一部分
从两情相悦到彼此生厌

第二天,齐维哲和甄柔嘉如约来到老张的工作室,简短地寒暄之后就进入了正题,老张的故事早就准备好了。

案例

两年多以前,在一次聚会上,不擅长打交道的小晴感到局促不安,没多久她就发现了同样与这热闹氛围显得格格不入的小安。就这样,两个"社恐"相识了。

随着慢慢接触,两人都认为自己从未遇到过一个能像对方这样理解自己的人,在所有问题上他们都是如此合拍,有一种相见恨晚的感觉。很快,小晴和小安相爱了。不知不觉地,两年过去了,两个人相处起来却越来越困难。

有一天傍晚,小安把饭菜端到桌上后对书房中忙着工作的小晴说:"这些工作反正你一天也做不完,要不今天就不要做了,休息一下,过来吃饭吧。"

小晴说了句"这主意不错",就从书房中走了出来。

吃完饭,小安去收拾碗筷,回来后看到小晴又去书房忙她的工作了。小安有些不满地说:"不是说不工作了嘛?怎么又干起活来了呀?你总是把自己搞得特别紧张,其实完全没有必要的……这些工作就是要一点一点做的,你不可能一天都做完的。再说,就算你今天加班加点把这些工作都做完,明天又要有新的工作了……哎呀,你到底有没有在听我说话?你刚刚说了我的主意不错,现在你又不听!"

小晴像是没听见的样子,继续面无表情地埋头工作。小安越说

爱情小满
成为更好的我们

越激动:"你到底有没有听我在讲话?!你对我有没有尊重?我的一番好意你好像一点都不领情!你倒是说话啊!"

小晴停下敲打键盘的手,平静地看着小安说:"我只是想把这一点点弄完,马上就好。"

小晴的反应让小安既难过又愤怒,说道:"你总是把自己搞得那么忙,做不完又把自己弄得很焦虑,其实你完全没有必要做这些工作。因为焦虑,你把自己搞得这么忙碌,但是你并没有让自己的情绪好起来,反而让我们连一点相处的时间都没有了。你根本就没有考虑过我的存在,也没有在乎过我的感受!你只考虑你自己,你太自私了!"说完,小安的手重重地拍在了桌子上,这一拍刚好拍在被几页文稿覆盖着的订书钉上。

随着小安的一声大叫,鲜血沁染了雪白的纸张。小晴看到立即停下手里的工作,急忙站起来,拿来急救盒帮小安消毒包扎。小安看着小晴微微皱起的眉,心想:"小晴还是很关心我的。"他多希望小晴能安抚他一下,但小晴只是默默地做着这一切,并没有说什么。小晴显露出来的平静让小安往日的悲伤、难过和委屈一股脑地涌上心头,再次对着小晴咆哮起来:"你到底是怎么想的,能不能说句话?!为什么不说话?!我已经不再试图改变你了,我为你做了那么多,你仍然把我当敌人。我做的一切在你看来都不重要!我到底在做什么?!真不值得!"

小晴轻柔地用消毒棉签为小安擦拭好了,又贴上了创可贴。听到小安说不值得,小晴抬头看着小安,似乎想说点什么,犹豫了一下什么都没说,又低下头把急救盒里的东西收好,放回原处。小晴试图解释:"我只是想快点把这些工作做完。你现在这么激动,我们也不适合再谈论什么了。"

第一部分
从两情相悦到彼此生厌

小安仍不肯放弃,咄咄逼人地说:"你明明知道我生气了,你都没有考虑我的情绪。我只希望你能停下来。难道我对你来说还没有工作重要吗?如果你觉得你那些该死的工作那么重要,你就去工作好了,我们分手吧!"

小晴看着小安,眼神中滑过了一丝难过,但很快又恢复到冷静:"如果分手会让你好一点,那也可以。"

小安彻底被激怒了,气急败坏地把小晴书桌上所有的东西都扔到了地上,摔门而去。

甄柔嘉听到这儿,因对小晴的牵挂吊起了一口气。老张讲到这儿不说了,甄柔嘉吊着的这口气似乎又落不下来,憋在心里很难受:"这……这……唉呀!"

齐维哲也一脸困惑:"奇怪呀,为什么小安最开始时明明是在表达关心,怎么说着说着就谈到分手了呢?"

老张倒是依旧一副泰然自若的样子,说道:"俗话说'冰冻三尺非一日之寒'呀!关系的破裂往往不是因为一两件事造成的,而是有一个积累的过程。在这个案例中,小安看起来情绪反应比较激烈,甚至让人感觉有点不可理喻,对吗?其实,他之所以会有激烈反应,是因为他和小晴一样对关系感到无能为力。"

"啊?"甄柔嘉和齐维哲不约而同地惊呼,感觉不可思议。

老张微微含笑地看着他俩,不疾不徐,继续讲道:"我们从这个案例可知,小安是想和小晴沟通的,但是小晴并不想和小安沟通,对吧?其实这正是他们之间的问题所在。小晴是害怕冲突的,无论他们之间是出现沟通分歧、情绪冲撞或观点冲突,小晴都条件反射

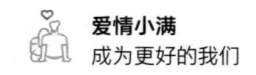

般地去回避。小安则是想要解决的,因此特别想知道小晴的想法。小晴越回避,小安就越急躁;小安越急躁,小晴就越回避。"

齐维哲说道:"难怪啊,外人看得都快急死了——一个不停地嚷,一个什么也不说,原来各有各的隐情。"

老张听后眼睛一亮,说道:"'隐情'这个词你用得特别好,也呼应到了上次我们讲到的冰山理论,还记得吗?"

"记得记得!"甄柔嘉迫不及待地回答,"冰山理论是指,我们所看到的行动是受一系列我们较难以觉察的内在体验过程影响的,包括感受、感受的感受、观点、期望、渴望和自我。"

"总结得真棒啊!给你点赞!不仅没白学,还学得特别到位!"老张立刻给甄柔嘉竖起了大拇指。听到老张的称赞,甄柔嘉得意地晃了晃身体。

老张继续讲:"当两人谈到各自处于吵架状态中的体验时,小晴说吵架会让自己感到挫败(**感受**),于是就希望固定在两个人都高兴的状态(**期望**);小安对于吵架的态度则恰恰相反,他认为不一样的观点不吵出来难道还要忍着吗(**观点**),甚至会因为吵架而感到兴奋(**感受**),像是在玩守擂游戏那样,通过互相驳斥令观点得到验证(**期望**)。"

齐维哲听得津津有味,自言自语地念叨着:"守擂游戏……亏他想得出来,但仔细想想还真挺有意思的。"

甄柔嘉瞥了齐维哲一眼,揶揄道:"只想着自己玩,这女孩子哪能受得了啊!"

第一部分
从两情相悦到彼此生厌

老张笑着说:"人的内在体验是非常丰富的。同样是吵架这件事,为什么小晴感到挫败,小安却感到兴奋?当我们带着好奇继续向下探索时,他们在各自原生家庭中成长的历程就像画卷一样在我们的眼前徐徐展开了。我们先来说小晴。小晴非常聪明,学什么什么会,干什么什么行,从小就是个'天才儿童'。也正是因为小晴的优秀,父亲对小晴总是抱有不切实际的幻想——你不应该仅仅是(我看到的这个)小晴,你得是(我所期待的那个)优秀的小晴。父亲的爱是有条件的,只有成为父亲眼中的'优秀的小晴'才能得到爱。可是话说回来,谁不想成为自己呢?如果人这一生真的可以成为什么人,那么一定是成为他自己。因此,小晴慢慢学会了隐藏自己的想法,因为只有藏起来想法才有可能不被父亲发现,避免父亲恩威并施地让自己顺从,才有可能不被限制,才有可能做自己。对小晴来说,隐藏想法、逃避争吵,就等于捍卫自我。"

甄柔嘉和齐维哲听得非常认真,思绪也被老张的故事牵动着,见他停下来,甄柔嘉不由地感叹:"真是不容易啊!刚开始听这个故事的时候,就觉得小晴这女孩子有点古怪,小安让你说话你就说啊,心里怎么想的说出来不就行了嘛!唉,听了她的成长经历后我终于理解她了。"

齐维哲也赞同地点点头,说道:"还真是!行动的背后都是故事啊!那小安呢?"

老张喝了口水,籁了籁嗓子接着讲道:"小安的母亲非常爱他,为了小安甘愿牺牲一切——事业甚至婚姻,她把全部心思花都在了小安的身上。这样的牺牲让小安对母亲充满了愧疚,认为母亲为他牺牲了一切,如果不能按母亲期望的那样做,她就会失望。同时,

爱情小满
成为更好的我们

这种爱也让小安窒息，因为母亲总是以'你还小，你不懂，我是为你好'为名，否定小安的观点、期望甚至感受，让小安无法做自己。因此，在与小晴的关系中，小安用激烈的方式强烈表达着自己的观点、情绪、期望……他要在这段关系里做自己。而且，由于母亲对他的爱伴随着牺牲，因此在小安的心中留下了这样的印记——爱就是牺牲。这就不难理解小安为什么要逼着小晴在自己和工作之间做选择了，因为只有让别人做出艰难的选择，才能证明自己是重要的、是被爱着的。对小安来说，激烈的表达、为自己牺牲，就等于证明自我的重要性。"

甄柔嘉叹了口气，说道："唉！这份爱太沉重了。"

看到两人的表情越发凝重，老张伸手从果盘里拿起两个橘子，分别递给甄柔嘉和齐维哲，说道："天干物燥，吃点水果润一润，也让心情缓一缓。"

齐维哲一边剥橘子皮，一边在脑海中回味着小晴和小安的故事，不由地问老张："怎么什么都绕不开原生家庭啊？"

老张听齐维哲这样问，认真地回答："那当然。**人是由家庭塑造出来的，也是从家庭中学会了对爱的加工方式。因此在面对关系问题尤其是亲密关系时，还是应该回到家庭中去解决。**在我们把小晴和小安的成长历程展开后，你们有没有发现他们俩都有一个关于自我的核心愿望？小晴要'捍卫自我'，小安要'证明自我的重要性'，这些都来自他们在童年期没有被满足的渴望。"

甄柔嘉不解地问："你说的'渴望''核心愿望'和'期望'，是一回事吗？"

第一部分
从两情相悦到彼此生厌

老张耐心地向她解释:"渴望是人类所共有的,每个人都希望被爱、被接纳、人生有意义,以及获得自由、关注、尊重、认可、价值……这些渴望是普遍存在的。童年未满足的渴望会延伸出具体的期望。例如,小安的母亲总是以'为你好'为由否定小安的想法,这种否定对于孩子来说,和否定拥有这样想法的自己是一样的。因此,小安在亲密关系中表达自己的方式也是很激烈的,因为其中蕴含着小安对被接纳的渴望。小安由此延伸出,期望小晴能听取自己的建议。简言之,**期望是具体的,渴望是抽象的、笼统的,核心愿望则是对期望和渴望的统称。**"

齐维哲接着甄柔嘉的问题问道:"核心愿望为什么对每个人来说这么重要,为什么会让人如此执着地想要实现呢?"

老张笑着说:"这又是一个好问题。海明威曾说,'每个人都不是一座孤岛,一个人必须是这世界上最坚固的岛屿,然后才能成为大陆的一部分。'也就是说,我们都具有社会属性,因此我们需要关系,并希望能在关系中获得认可、获得接纳,这些都与我们的生存息息相关。讲到这里,我想你们俩也可以理解核心愿望是为'自我'而服务的,对吧?"

甄柔嘉和齐维哲点点头。

老张听后接着讲了起来:"'自我'就很有意思了。一个人想要证明自我重要也好,捍卫自我也罢,怎么证明?一个人能独自证明吗?证明给谁看?总要有个参照或客观对象吧,是不是?就像小晴要捍卫自我,要是没有一个人和她对抗,那么如何谈及捍卫?在这个证明自我的过程中,其实他们双方就已经不再把对方视为一个和自己一样平等的、值得尊重的人来看待了，也就是说，他们把对方工具化了，这被称为'客观对象工具化'。事实上，'客观对象工具化'是一个无意识过程，并不是谁故意想要这样做的。然而，这一现象的存在，的确会阻碍关系走向良好、深度的发展，阻碍两个人产生真正、有效的磨合。所谓'磨合'，就是彼此都进行自我调整，直到双方都能在关系中感到真正的自由和自在。这需要彼此都能平等地看待自己和对方，即在关系中我是重要的，你和我同等重要。可以说，如果出现'客观对象工具化'，就意味着这种平等被破坏了。当小安企图让小晴做出放弃工作这种艰难的选择来证明自己重要时，就是无意识地把自己凌驾于小晴之上了。"

齐维哲问道："这是不是就是自我中心？就是一个人总是把自己放在中心位置，把别人当工具，认为别人需要为自己服务？"

老张回答道："是的。有的人会以爱之名和另外一个人走进亲密关系，但其实是带着工具价值评估的视角在不断地评估这个人能否帮助自己实现生活愿景。待他们经历过生活中点点滴滴的事情后，就会逐渐认识到自己通过这个人实现自己生活愿景的幻想破灭了，他们会认为是人不适合、'工具'没找对，于是便会选择离开，转而再去寻找更适合的'工具'。遗憾的是，只要这种机制没有改变，他们就会在'寻找伴侣—幻想破灭—离开—继续寻找'的过程中循环往复。"

甄柔嘉说："这岂不是就像被魔咒套住了一样，不断地陷入同样的困境中了吗？"

老张看出了甄柔嘉的担心，安慰道："别担心，为了解开这个魔咒,我已经设计好了练习,这个练习能帮助你们可以去学习如何通过经营的方式一点一点地去和伴侣共创你们想要的幸福。要想让这个练习能够产生真正的效果,你们就要朝着放下自我中心、放下'客观对象工具化'的心理机制的方向努力,从而为获得幸福的亲密关系打下良好的地基。"

"这确实不容易,有些个人习惯是根深蒂固的,如何放得下啊!"甄柔嘉感叹道。

老张云淡风轻地说:"想要放下自我中心和'客观对象工具化'的心理机制,可以参考以下步骤来做。"

探索你的自我中心情况

第1步:回顾自己对某个亲密的人非常失望的情况。

回顾你对某个亲密的人非常失望的经历,然后回答以下问题:

- 当时发生了什么?
- 你感受到了什么?
- 这个情绪的强烈程度如何?
- 是否到了快要失控的程度?

第2步:探索自己的核心诉求和期待。

失望情绪中往往隐藏着个体的核心诉求,探索清楚核心诉求有助于你接近自己的核心生活愿望。为了实现这一目标,你可以问自己以下问题:

- 在这些情绪的背后,你想要的是什么?

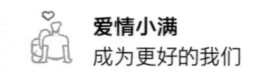

- 对方如何做才能满足你的这个诉求？

第 3 步：探索自我中心的程度。

通过你对伴侣能否满足自己核心诉求的情绪状态，往往可以看出你的自我中心的程度。自我中心程度越高，越难以接受对方无法满足自己的这些核心诉求，也越容易产生强烈的、失控的情绪，并且越想要换一个人来满足自己的这些核心诉求。可以问自己以下问题：

- 你能够接受你的核心诉求不被满足吗？
- 如果对方不能满足你的核心诉求，那么你会产生强烈的情绪吗？
- 你会想另找一个人来满足你的核心诉求吗？

第 4 步：探索自己的"客观对象工具化"思想。

自我中心程度越高，就越容易拥有"客观对象工具化"的心理机制和思想，这些思想会左右个体的生活。你可以借助以下这些问题进行探索：

- 你有没有想要找一些什么样的人来满足你某些生活愿望的想法？
- 这些想法是什么？
- 在过去的生活中，你试着变换过多少次以找其他人来满足你的这些生活愿望？

改善自我中心和"客观对象工具化"

第 5 步：练习和掌握"我和你"。

过去在关系中，你可能更多地关注了自己的感受，因此无意识

第一部分
从两情相悦到彼此生厌

地拥有了自我中心的特点。要想改善这个特点,你就需要在与伴侣相处时,同时考虑自己和对方的感受。练习和掌握"我和你",就是说在你与对方的相处中存在着彼此感受的互动关系,你可以把注意力放在双方的感受互动关系上,这能帮助你走出自我中心。

因此,每一次互动都不是对方满足你的过程,而是两个人交流感受的过程。你越能看到后者,就越代表了你的自我中心程度在逐渐地下降。

第6步:尝试磨合与共创美好关系。

在逐渐看到"我和你"的感受互动过程后,你会慢慢发现你和伴侣的差异所在。你可以尝试自我改善并帮助伴侣改善,以推进"我和你"之间的磨合过程。"我和你"就像一个双人协奏曲,单人弹奏得再好听,如果两个人的搭配不和谐,那么也会导致整体的失败。因此,需要试着协调彼此的行动,通过增加有共识的行动来共创、经营彼此的关系。

第7步:试着互惠满足彼此的核心诉求。

如果双方具有比较好的关系基础,就可以寻求如何更好地满足彼此核心诉求的解决方案了。双方的满足往往遵循着互惠法则,即我对你的满足和你对于我的满足从长期的角度来讲倾向于对等。

因此,除了关注和表达自己的核心诉求外,还要学会观察、提问、收集、整理、记忆对方的核心诉求,去创造各种办法以满足对方的核心诉求。这相当于在对方的情感账户中存款,之后在你需要被满足时,对方才会无意识地产生自愿满足你的动力,你的核心诉求也才能被更好地满足。

看着甄柔嘉和齐维哲边认真听讲边在随身携带的小本子上奋笔

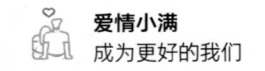

疾书的样子，老张赞许地说道："只要把这些步骤养成习惯，就能慢慢放下自我中心和'客观对象工具化'的心理机制了。你们回家后，请按照下面的指导练习，并尽量凭借直觉来回答各个问题。"

    1. 回顾你对某个亲密的人非常失望的经历，当时发生了什么？你感受到了什么？这个情绪的强烈程度如何？是否到了快要失控的程度？

_____

_____

_____

    2. 在这些情绪的背后，你想要的是什么？对方如何做才能够满足你的这个诉求？

_____

_____

_____

    3. 你能够接受你的核心诉求不被满足吗？如果对方不能满足你的核心诉求，那么你会产生强烈的情绪吗？你会想另找一个人来满足你的核心诉求吗？

_____

_____

_____

    4. 你有没有要找一些什么样的人来满足你某些生活愿望的想法？这

第一部分
从两情相悦到彼此生厌

些想法是什么?在过去的生活中,你试着变换过多少次以找其他人来满足你的这些生活愿望?

_____

_____

_____

5. 能够看见"我和你"的互动关系,让你在与别人相处上产生了什么变化?你获得了什么启发?

_____

_____

_____

6. 你想要如何与你的伴侣去磨合与共创美好关系?对此你有什么计划?

_____

_____

_____

7. 你的伴侣有什么核心诉求?你准备如何互惠满足彼此的核心诉求?

_____

_____

_____

8. 这次的内容给你带来了什么启发？

_____

_____

_____

老张说道："经过以上练习，你们应该能够理解关系破裂背后的原因了，也掌握了放下自我中心和'客观对象工具化'的有效方法。下次见面时，我想和你们聊聊如何看清楚亲密关系危机的本质。"

老张讲完了，甄柔嘉和齐维哲听得意犹未尽。老张看出了两人的心思，爽朗地笑了几声，安抚道："看你们俩学得很用心，所以在咱们的这几次见面中，我已经把个体的自我给亲密关系带来的诸多影响都和你们讨论过了。今天我们又从个体的自我形态与所伴随的人生走向角度进行了探讨，这也是第一部分的最核心议题。回去再好好消化消化。咱们后面可就要解决问题了。"

听了老张的话，甄柔嘉和齐维哲充满期待地离开了。

第二部分

走出关系困境，让爱在彼此的救赎中浴火重生

第8章

横亘在爱情关系间的"冰山"

危机的本质：两座"冰山"的相撞

无论是否能意识到，两个人在冰山模型的各个层次上都对对方产生了影响。

转眼又到了星期五，甄柔嘉和齐维哲又要和老张见面了，他们现在越来越期待这每个星期一次的知识分享了。

甄柔嘉先上车，坐到了副驾驶的位子上，等着齐维哲。只见齐维哲急步走过来，刚坐到驾驶位上后就开始找东西。

"你在找什么呢？"甄柔嘉问。

齐维哲听到的甄柔嘉询问，没立即回答，只是加速了寻找的动作。翻了一会儿后，终于在座椅的夹缝处找到了掉落的手机。齐维哲松了一口气，转头打量着甄柔嘉，说道："你今天有点怪啊！"

甄柔嘉疑惑地看着齐维哲："我怎么没感觉？我哪里怪了？"

> 爱情小满
> 成为更好的我们

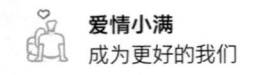

"你今天怪好的啊！哈哈，这要是以前，你早就开始唠叨我了。"齐维哲逗趣地说。

甄柔嘉听到齐维哲这么说，莞尔一笑，很开心。她的眼珠转了转，像是特意思考了一下后才说："谢谢你看到了我的进步！"说完，两个人都笑了，轻松和愉悦在车厢中流动。

推开老张工作室的门，齐维哲热情地打招呼："老张下午好啊，我们又来了！"甄柔嘉笑盈盈地紧跟其后。

老张也感受到了今天甄柔嘉和齐维哲的兴致似乎比往常更高一些，不免好奇："二位今天遇到什么高兴的事了？快来说说，让我沾沾你们的喜气。"

齐维哲笑道："嘿嘿！喜事倒是没有。来学习嘛，能进步还不高兴！"

老张也笑着回他："你们俩呀，学习劲头比付费的来访者都足！"

说到这儿，齐维哲更来精神了，声音听起来更清晰洪亮了一些："我们是真的体会到了学心理学、用心理学的好处啊！嘉嘉现在看我顺眼多了，唠叨我的次数也比以前少了！"

经齐维哲这么一说，甄柔嘉悄然一笑，也接过话来："我也感觉自己确实没有以前那么情绪化了，以前只知道生气，现在有时也能想想为什么了。"

老张听了高兴地说："真替你们高兴！前面几次我们的讨论都是围绕着亲密关系中常见的冲突，透过冲突去学习背后的心理学知识。知识是为生活服务的，学以致用嘛？从今天开始，我想带着你们用我们学过的知识去解决生活中的难题。"

"太好了！"听到老张接下来的计划，甄柔嘉的眼中闪烁着期盼的光芒。

看到甄柔嘉的反应，齐维哲浅浅地笑了笑。嘉嘉矫情起来让人咬牙切齿，任性起来让人无可奈何，但无论怎样，她始终都很在乎着他和他们的关系。

老张看着他们两个人，问道："还记得你们俩为什么来吗？"

齐维哲看了一下甄柔嘉，抢着说："当然记得。那时我们很难沟通，无论说什么都能吵起来，我就索性不说了。我现在回想起来我也觉得奇怪，为什么跟别人能谈笑风生，回家后就自动变换为'静音模式'呢。而且，不说又不行，她追着我吵……唉，真的太折磨人了，太痛苦了。"

听齐维哲这么说，甄柔嘉昔日的记忆被唤醒，眉头不经意地微微皱了起来："唉，谁想天天吵架呢？生活在同一屋檐下，抬头不见低头见的，却又不能互相理解，心里总有一种说不出的空虚与孤独。"

齐维哲看着甄柔嘉，一时语塞。这些感受他也有，但并不知道如何解决。老张看着甄柔嘉，再看看齐维哲，脸上始终挂着他那标志性的微笑。他的微笑总能传递出一种让人安心的淡定和从容。见两人又都不说话了，老张开口说道："经过这段时间的分享，你们之间的互动出现什么变化了吗？"

经老张这样一问，甄柔嘉的思绪被拉回来一些，她深吸了一口气，缓缓地说："有一些变化的。其实，在来的路上我也思考了一下，原来我只觉得我和齐维哲说话说不到一块儿去，是因为我们俩三观不

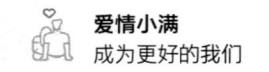

和;来你这儿学习过几次后,又觉得我们俩是沟通方式存在问题;现在再想想,尽管我们从恋爱到结婚已经很多年了,但我们可能连磨合期还没过完呢——有点讽刺吧。"说着说着,甄柔嘉自己也笑了。

齐维哲边听边点头:"听你这么说,是有点讽刺。我一直以为我是怎么想的,你就应该也是这么想的。看来,我还是太自我中心了,我们也的确存在磨合不足的情况。"

老张赞许地说:"我还记得你们刚开始来我这里的时候问我,如何才能成为'我们'。要想拥有真正亲密的亲密关系,两个人就一定要经过深入磨合。很多人会认为这个磨合,磨合的是生活习惯、生活态度、生活目标。其实,这些都没说到点上,**真正需要磨合的其实是两个人的无意识**。我们讲过萨提亚模式最重要的理论——冰山模型,就是让人们更清楚地看到自己无意识的心理结构的。我们从冰山理论可知,每个人没有说出来的内心戏有多么丰富。这些内心戏有些是我们自己能意识到的,有些是连自己都意识不到的,但它们都对我们的行动甚至生活有着重要的影响。我整理了一张表格,能帮助你们了解冰山模型的全貌(见表 8-1),从而帮助你们有针对性地收集对个体行动有影响作用的无意识要素,并将其整合成为个体无意识心理结构的全景图。"

表 8-1　　　　　　　　　　冰山模型

内心的体验性结构	冰山系统	理解冰山模型
意识过程	行动	• 行动是指个体做出的具体行为,常常是别人能看见的 • 应对姿态是行动的框架(形式),而行动是具体的操作方式(内容) • 个体经过察觉往往能够意识到要做出的行动内容

续前表

内心的体验性结构		冰山系统	理解冰山模型
水平线 （意识和无意识交界处）		应对姿态 （惯性沟通模式）	• 应对姿态位于无意识和意识的交界处，这既是无意识过程向意识过程过渡的地方，也是觉察无意识过程的入口 • 应对姿态的启动是无意识过程运作的直接结果，每一次启动应对姿态都是一次觉察无意识过程的机会 • 通过对应对姿态运作过程的放大和体会，可以提升对无意识过程的觉察力，然后才能慢慢了解更深层次的无意识过程
无意识过程 （越往下就属于无意识过程中越深层的部分，越难以被觉察到）	情感体验	感受	• 感受是最浅层的无意识过程，个体能够在发生事情的当时体会到这些感受，因此这些感受也可以被称作"瞬时感受"（区别于感受的感受） • 感受也是应对姿态最直接的触发点，揭示知觉过程的核心在于了解个体为何会拥有某种感受 • 人们往往把感受作为自己行动的原因，其实它只是深层无意识过程的结果
		感受的感受	• 感受并不是深层无意识运作的全部结果，个体还存在感受的感受 • 感受的感受过程是在感受之后发生的一小段时间内对于自己所秉持的感受的再感受，也可以被称作"后续感受" • 感受是个体对事物的感受，感受的感受是个体对自己感受的评价，即是否接纳自己有这样的感受

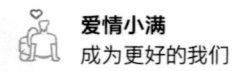

续前表

内心的体验性结构		冰山系统	理解冰山模型
无意识过程（越往下就属于无意识过程中越深层的部分，越难以被觉察到）	心理现实	观点（信念、假设、成见、解释、预设立场）	• 如果说感受（包括感受和感受的感受）是一种判断结果，那么观点就是判断的依据 • 观点是基于各种直接经验、间接经验形成的对事物的看法、假设和解释的集合，是一种对现实世界模型化编码的产物，这个过程被称作"认识过程" • 基于认识过程，人们产生了一系列观点，这些观点是人们判断事物的内在依据 • 观点的形成受到过去经验的影响，如家规、原生家庭价值观等
	深层内在	期望（未满足的期望，对我自己的期望，对他人的期望，以及他人对我的期望）	• 期望是希望事物发展的方向和路径，期待的具体体现是愿景和计划 • 期望会极大程度地影响观点形成的过程 • 期望会导致认识过程的扭曲，进而形成更主观（贴近期待，而非贴近实际）的心理现实，这常常就是没有实事求是 • 期望也是动力来源 • 期望是具体的
		渴望 人类共有的（被爱、被接纳、有意义）	• 渴望是期望的原型/雏形，是期望形成的地基 • 渴望是模糊形态的动力，期望是渴望在各种情境中的具体形态 • 渴望是个体想要拥有的一些对于特定的重要感受的集合
		自我（生命力、核心）	• 自我是渴望和期望围绕的核心，是生命意义的基点 • "我是谁""我想成为谁""我实现了理想自我吗"等问题有助于个体揭示自我的部分内容 • 通向理想自我是人类的动力之源，个体在此之上形成了渴望和期望

第二部分
走出关系困境，让爱在彼此的救赎中浴火重生

甄柔嘉接过老张递来的表格，认真地看起来。齐维哲也接过来，边看边说道："这个看着就更清晰了，一目了然！"

老张稍等了片刻，估摸着两人大致浏览了一遍后，接着说："从萨提亚模式的视角来看，两个人的相遇，其实也是两座'冰山'的相遇。无论是否能意识到，两个人在冰山模型的各个层次上都对对方产生了影响。我们还是找一件具体的事来说说吧。齐维哲，你刚才说甄柔嘉现在看你比以前顺眼多了。"

齐维哲嘴角的微笑暴露着他的侥幸和得意："今天我们来的时候，我上车后就随手把手机一放，再一摸就不见了，我就开始找。这要是在以前，嘉嘉早就开始数落我了，什么粗心大意啊、东西乱放啊、你怎么不把你自己丢了之类的。今天她什么都没说，只是问我在找什么，我都条件反射地感到紧张了，愣是没敢接话，赶紧找。找到后她也没说什么，也没有不高兴，所以我说她变了。"

甄柔嘉被齐维哲说得有点不好意思了，说道："哪有那么夸张！再说我有那么让你害怕吗？我要真能对你有这么大的震慑力，你还能天天气我啊？"

老张被眼前的两人逗笑了："哈哈！甄柔嘉，这一幕要是发生在以前，你会怎么做？"

甄柔嘉稍稍停顿了一下，思考了片刻后说道："这要是以前呀，我得说他了，那么大人了，总是毛毛躁躁的，看着就来气。"

齐维哲撇了撇嘴，没说话。

老张接着问："我们再具体一点，你看到了什么？为什么看到这些让你来气？"

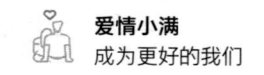

甄柔嘉说:"我看到齐维哲丢三落四,就忍不住要说他。特生气,就觉得都这么大人了,自己的东西随处放,这么一点小事都管不好,还能做成什么事?"

老张说:"当你感觉到生气的时候,你觉得怎么样?"

甄柔嘉听后愣了一下,这是她之前从来没有意识到的。每次生气时,她都感觉自己像一座喷涌而出的火山,一定要把那些情绪喷发出来,否则就会积压在胸腔,不得安宁。其实,甄柔嘉也不喜欢自己这样,她觉得自己生气的样子简直就像一个疯子,想到这里,她就像一个泄了气的气球,低声说道:"有点悲伤。"

老张也压低了嗓音,柔声地问道:"能多说一点吗?你想到了什么,让你感到悲伤?"

甄柔嘉轻声说:"我想起小时候,母亲对我很严厉,很少笑……我已经很努力地不犯错了,但还是总会被母亲骂。在母亲看来,不管是什么事情,无论大小,都不应该犯错误,一旦犯错误就是不可饶恕的。有一次齐维哲做错了什么,我现在都已经不记得了,我就特别特别生气。齐维哲就说,'多大点事啊,至于吗?'我一想,对啊,多大点事啊!是不至于啊。可是我好像除了生气,不知道自己还能做什么。"讲到这儿,两滴眼泪默默地顺着甄柔嘉的脸庞流下来。齐维哲赶忙抽了几张纸巾递给她。

老张说:"所以在你的家庭中,犯错误是不被允许的,这样的成长经历教会了你什么?"

甄柔嘉小声地重复着老张的问题:"教会了我什么……嗯,教会了我做事要仔细,才不会犯错误。"

第二部分
走出关系困境，让爱在彼此的救赎中浴火重生

老张点点头，说道："你学会了关于错误的态度和观点。"然后又看向齐维哲，问道，"齐维哲你呢？你怎么看待错误？"

齐维哲想了想，回答说："我在小时候犯错误也是要挨打的，但是男孩子嘛，挨打也就挨打呗，也不觉得什么。后来上了初中，我和几个同学捉弄了班里的一名同学。然后，班主任找家长，我特别害怕，不敢让家长来。老师看出来了，就单独问我为什么，我说我爸打我打得可狠了。老师对我说，犯错误没关系，但是要知道错在哪里、要怎么改正。那是第一次有人相信我不是一个坏孩子，给我机会让我改。"

老张不是很确定地问齐维哲："所以，当甄柔嘉抓住你的错误不放的时候，你会期待她能像当年的老师一样包容你、给你机会，对吗？"

齐维哲睁大了眼睛，难以相信地看着老张，说道："哎呀，你怎么知道的？还真是这样，我自己都没想到这一点！"

老张做了一个深呼吸，然后又拿出一张表格（见表8-2），一边指给两人看一边讲解："这个表格名为'冰山模型记录表'。我们来看，齐维哲找手机的**行动**激发了甄柔嘉生气的**感受**，继而又引发出了甄柔嘉**感受的感受**——对于生气的悲伤，以及关于错误的**观点**。这样一来，甄柔嘉也做出了**行动**——唠叨，这是一个指责的**应对姿态**。当甄柔嘉指责齐维哲时，齐维哲心里在悄悄地**期待**着——你可以包容我。这就是我们说的，无论是否能意识到，两个人在冰山模型的各个层次上都对对方产生了影响。"

125

表 8-2　　　　　　　　　　　冰山模型记录表

内心的体验性结构		冰山系统	觉察的自我提问
意识过程		行动	我刚才做出了什么样的行动（无意识行动）
水平线 （意识和无意识交界处）		应对姿态 （惯性沟通模式）	在刚才的行动中，我运用了什么样的沟通姿态（讨好、指责、超理智或打岔）
无意识过程 （越往下就属于无意识过程中越深层的部分，越难以被觉察到）	直观情感	感受	在运用沟通姿态回应前，我产生了什么感受
		感受的感受	在产生了这些感受之后，我对自己的这些感受，又产生了什么的感受
	心理现实	观点 （信念、假设、成见、解释、预设立场）	• 因为我认为……（观点），所以我认为事情是……（什么样的），这和我的观点符合/不符合，使我产生了什么感受 • 基于……（观点），让我产生了什么感受
	深层内在	期望 （未满足的期望）	• 我之所以持有这些观点，是因为我对事件的发展方向和路径有什么样的期望 • 这些期望如何形成了我的观点
		渴望 人类共有的 （被爱、被接纳、有意义）	• 我期望事件按照这些特定的方向发展，是因为我渴望什么样的特定的重要感受 • 这些渴望如何影响了我的期望

续前表

内心的体验性结构	冰山系统	觉察的自我提问
无意识过程（越往下就属于无意识过程中越深层的部分,越难以被觉察到） 深层内在	自我（生命力、核心）	• 我想要成为的理想自我是什么样的 • 能够实现理想自我对我来说意味着什么 • 这种对理想自我的追求如何影响了我的渴望,如何让我渴望那些特定的重要感受

甄柔嘉和齐维哲听着、看着、思索着。突然,齐维哲像发现了新大陆似的兴奋地说道:"也就是说,如果能了解到是两个人的冰山不同,就不会认为对方的行动是针对自己的,而是与她的故事有关,对吗?"

老张听后高兴地说:"太棒了!就是这样的。人总是会带着过去的经验去解读自己眼下正在经历的事,我们在之前细致地探讨过这一点。当再加上自我中心的滤镜,两座冰山之间就不是相遇而是灾难化的撞击了。人们会无意识地否认对方的冰山,权力争夺战便由此展开。"

甄柔嘉问:"所以说,伴侣的磨合其实就是要去了解对方的冰山,对吧?"

老张回答:"是的。不过,仅仅是了解对方的冰山是不够的,首先应该要了解自己的冰山,知己才能知彼。冰山模型记录表能帮助我们了解自己的冰山模型,它是对于探索自我冰山模型方法的总结,能有效提升我们的自我觉察能力。对自己的了解越多,才能越深入

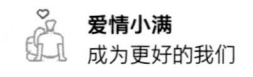

地理解对方。"

老张耐心地等两人大致把表格看完，说道："吵架是让双方都感到很不舒服的事情。我经常会对我的来访者说，请珍惜你的每一次不舒服。**把不舒服作为探索冰山的入口，这样你就有机会把每一次吵架所引发的关系危机变成转机了。**"

齐维哲感兴趣地问道："危机变转机？快给我们讲讲怎么变。"

老张轻松地说："可以使用冰山冲撞模型啊！不要害怕吵架，冲突对于磨合来说其实是一种很宝贵的资源。如果你们能在这些冲突中试着放下自我中心，带着好奇去了解彼此真实的无意识心理，就能达到刚刚齐维哲总结的那种效果了，即最终了解到是两个人的冰山不同，而不再认为对方的行动是针对自己的否定或攻击了。**冰山冲撞模型的意义就在于，可以帮助彼此看到对方真实的内心样貌，而不是停留在自己所认为的样子上。**你们可以按照以下步骤去做。"

第 1 步：与伴侣达成磨合机制。

只有了解彼此的冰山，才有可能开启磨合的过程。诚然，这并不是仅凭一个人就可以做到的，不但需要双方朝着一个共同的方向去努力，还需要彼此进行一系列深入的沟通。通过这样的沟通，会产生对彼此的理解和切实的改变，这个过程就是磨合。

要想确保磨合能够更好地进行，双方需要形成有效的冲突应对机制作为磨合过程的保障，这就是磨合机制的建立。以下是一些比较重要且需要双方共同探讨并确定的问题，能帮助双方形成有效的冲突应对机制：

- 发生冲突时，如何避免冲突扩大？

第二部分
走出关系困境，让爱在彼此的救赎中浴火重生

- 哪些场景可能会发生冲突？如何解决？
- 发生冲突后，什么时候进行沟通和复盘？
- 对于磨合过程，双方还有哪些基本规则需要遵守（比如，哪些话不能说、哪些行为不能做）？

第 2 步：试运行磨合机制并为探索冰山冲撞模型做准备。

以上的磨合机制并不是在第一次建立后就能运行良好的，因为每次发生冲突时双方都存在着情绪，在情绪状态下还能够按照双方约定去操作是一件不容易的事，双方需要根据实际情况调整磨合机制，以使其真正得到落地。

在机制调整到比较容易落地后，双方可以持续地按照这套机制操作一段时间以形成习惯，直到双方能够有效地在发生冲突时可以自发地按照磨合机制来做出行动，就有能力去探索冰山冲撞模型了。

第 3 步：冰山冲撞模型记录表的制作。

冰山冲撞模型记录表见表 8-3。

表 8-3　　　　　　　冰山冲撞模型记录表

冰山冲撞	A 姓名	B 姓名
冲突事实 • 冲突发生的过程是什么样的		
彼此知觉 • 你认为这次冲突的状况是什么		
各自行动 • 你在这次冲突中做了什么行动？其中哪些行动是无意识的、自发的 • 你希望通过这个行动取得什么效果或达到什么目的		

爱情小满
成为更好的我们

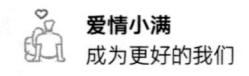

续前表

冰山冲撞	A 姓名	B 姓名
沟通分歧 • 你对这次冲突中彼此的哪些话语内容、沟通方式、表达状态存在着分歧或不认同 • 分歧在哪里？程度如何		
情绪冲撞 • 在这次冲突中，你们分别有什么样的情绪 • 如果用 0（最低）~10（最高）分来衡量这个情绪，你会给情绪打几分 • 对于持有这样情绪的自己，你产生了什么样的感受？你是否陷入了某些过去常常出现的感受中？那种感受是从小伴随你的吗		
观点冲突 • 在冲突中，就某些话题来说，你是否不认同对方的想法 • 对于这些话题，你有什么想法 • 你对这些想法的坚信程度高吗 • 你为什么觉得这些想法是对的 • 持有这种想法的源头可能会是什么		
渴望与期望的差异 （注意：期望是具体的现实走向，渴望是模糊的感受需要） • 在这次冲突中，你对冲突的走向有什么期望 • 你对于自己和对方有什么期望 • 这些期待意味着你渴望什么 • 双方的期望和渴望有什么不同？这些差异对你们有什么影响		

续前表

冰山冲撞	A 姓名	B 姓名
双方自我的异同 • 通过以上探索，你发现你们有什么根本的不同 • 你觉得你是一个什么样的人 • 你希望对方是一个什么样的人 • 如果对方可以是这样的人，那么这对你有什么意义？这将如何帮你实现理想生活		
本次冲撞的发现和启发 • 在这次冰山冲撞记录表的填写和探讨中，你有什么发现或启发		

建议用 A4 纸提前打印好冰山冲撞模型，在每次发生冲突后的当天或第二天，双方尽快抽时间共同进行深入沟通，并将对每个问题的探讨结果填写到表格中。请务必保留好每份表格。

第 4 步：定期梳理和总结。

可以根据冲突发生的频繁程度设定梳理和总结的时间周期，如果冲突发生得频繁，周期就要适当短一些；如果冲突发生得没有那么频繁，周期就可以适当长一些。

通过梳理，双方可以把每次的成果进行汇总，以便从更加整体的角度来看待彼此冰山冲撞的过程，从而为后续的冰山融合打好基础。

老张继续说道："只要把以上这些养成习惯，就能慢慢了解双方的无意识的冰山到底是如何发生冲撞的了。今天的内容基本上就是这些了，请按照下面的指导练习，并尽量凭借直觉来回答各个问题。"

爱情小满
成为更好的我们

1. 探索你与伴侣达成的磨合机制是什么样的。回答这些问题：发生冲突时，如何避免冲突扩大？哪些场景可能会发生冲突？如何解决？发生冲突后，什么时候进行沟通和复盘？对于磨合过程，双方还有哪些基本规则需要遵守（比如，哪些话不能说、哪些行为不能做）？

_____

_____

_____

2. 你们打算如何试运行这个磨合机制？你们觉得这个磨合机制对你们的亲密关系有什么样的帮助和改变？

_____

_____

_____

3. 通过冰山冲撞模型记录表的填写，你们对彼此有什么新的发现？这些发现对于你们的亲密关系有什么意义？

_____

_____

_____

4. 你们发生冲突的频率大概是什么样的？你们打算多久进行一次梳理和总结？

_____

第二部分
走出关系困境,让爱在彼此的救赎中浴火重生

5. 这次的内容给你带来了什么启发?你们对于未来生活有什么新的计划?

老张说:"经过以上练习,你们就能理解关系危机的本质是什么了,也提升了通过冰山冲撞模型探知亲密关系中的无意识心理冲突是如何发生的能力了。"

甄柔嘉不由地感叹:"这样看来,亲密关系中两个人的冲突从本质上说,是在无意识层面拉锯啊!"

齐维哲笑着说:"哈哈,嘉嘉,虽然咱俩认识这么多年了,但只能算是半熟,还要多多地相互认识、相互了解啊!嗯,你好甄柔嘉同志,我叫齐维哲,很高兴跟你一起生活了很多年!"

齐维哲的样子把三个人都逗笑了。

第 9 章

与其在家庭式内耗中互相折磨，不如滋养好彼此

问题的解法：从斗争走向融合的旅程

最理想的状态是你中有我、我中有你，但同时双方又保持着自己的独特。

窗外沥沥下着小雨，今天又是约好去老张工作室的日子。甄柔嘉和齐维哲商量好，下班后先回家简单吃顿午饭再一起过去。临到下班时，老板让甄柔嘉处理一份很着急的文件，好在文件处理起来还算顺利，并没有耽误太长时间。

完成后，甄柔嘉急匆匆地赶回家，开门看到齐维哲正等得着急："你怎么才回来，再晚点你都吃不上饭了。"齐维哲边说边贴心地伸过手，接过她手中的雨伞和包。

"临走前又干了个急活。"甄柔嘉瞟了一眼墙上的挂钟，时间确

第二部分
走出关系困境，让爱在彼此的救赎中浴火重生

实有些紧张了，便加快了脱鞋进屋的动作，结果脚下被什么东西绊到，重心不稳，一个趔趄差点摔倒。甄柔嘉低头一看，是齐维哲的一只鞋懒洋洋地躺在她脚下，另一只则倒扣在一旁。看到这一幕，甄柔嘉的火气蹭地上了头，正要爆发，迎面而来的是齐维哲关切的提醒："哎呀呀，别着急！"甄柔嘉微张的双唇停在原处足足三秒，生生地把冲到嘴边的责骂咽了回去。

齐维哲看着甄柔嘉这怪异的举动，正要问，再一看她脚下，立刻讪讪地住了嘴。赶忙转身放下包，拿起筷子递给甄柔嘉，小心翼翼地说："洗完手赶紧吃两口饭。"

甄柔嘉嘴上不说，可这口气如鲠在喉，只是恨恨地瞪了齐维哲一眼。胡乱扒拉两口饭菜后，甄柔嘉就跐上鞋拎起包出门了。齐维哲十分识趣地默默跟在她身后，他知道，这会儿自己说不好可就引火烧身了。

一路上两个人谁都没说话，快到老张工作室的门前，甄柔嘉故意放慢了脚步，齐维哲心领神会，走上前去推开了工作室的门。

惯常的寒暄后，老张隐隐感受到了甄柔嘉和齐维哲之间张力拉满的氛围，于是一边端详着两人，一边张罗着："清茶解百愁。看，茶都给你们俩准备好了。"

齐维哲端起一杯茶，送到甄柔嘉手边，甄柔嘉只得接过来，抿了一小口。老张看到这里，心里也猜了个六七分，问道："甄柔嘉今天有心事啊！来都来了，说说吧。"

甄柔嘉长呼一口气，看了一眼齐维哲，又看回老张："真得说说。我们俩出门前差点吵一架。"

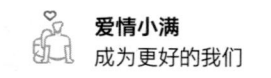

齐维哲赶忙插话说:"没吵没吵。嘉嘉跟以前比还是相当克制的,这要是放在以前,我俩肯定就吵起来了。"

齐维哲说完,甄柔嘉再看看他,余下的怒气也不好再发,不无嗔怪地笑了笑,继续说:"嗯,克制住了没嚷出来,但把我自己噎得够呛。来的路上我还在想呢,我们倒是没吵架,可这事也没解决啊?怎么能不吵架还把这事解决了呢?"

老张好奇地问:"哦?我们来看看到底发生了什么?"

齐维哲刚要说,甄柔嘉就抢在前面先开口了:"我来说吧,我在来的路上一直复盘。"说着,她就把自己怎么着急进门,慌乱之中差点儿被齐维哲随意乱扔的鞋子绊倒的事,细细地讲述了一番。

老张听完反问道:"既然你说已经复盘了,那么我很好奇的是,你是如何复盘的?"

甄柔嘉好像就等着老张这样问,眼睛都亮了起来,说道:"就是按照冰山模型啊!不过,我有一点没想明白——我期望他能有点家庭观念,把鞋摆整齐,维护家庭环境的整洁。我有这样的想法也没什么问题啊!可说了多少遍了,我自己都唠叨烦了,他就是不改,你说能不生气吗?"

齐维哲刚要辩解,老张一个手势制止了他,接着问甄柔嘉:"你说和齐维哲都说了很多遍了,自己都唠叨烦了,他就是不改。你对齐维哲的这个反应有什么想法吗?"

甄柔嘉脱口而出,话语中饱含着愤愤不平:"他就是不把家里的事当回事,不把我的话当回事!"

老张接着问:"如果齐维哲把你说的话当回事,那么他的行动会有什么不同?"

甄柔嘉回答:"他就会照我说的做了啊!"

老张追问:"这对你来说意味着什么?"

甄柔嘉似乎意识到老张的问题背后有文章,一边回答一边好奇地看着老张:"意味着……他会把我说的话都当回事,我在他心中是重要的,是吗?"

齐维哲也意识到了什么,想笑又忍住了,但嘴角还是微微上扬了一下。

老张笑了笑:"只有你自己才知道这个答案呀。"

甄柔嘉沉吟了良久,然后说道:"好像还真是……我最生气的就是,我说了那么多遍他怎么还不听,他到底把不把我当回事,有没有把我说的话、把我这个人放在心上?这是权力争夺吗?"

老张点点头,说道:"的确是有权力争夺的意思,但要是从有利于解决问题的角度来归因,那么还是陷入自我中心了。不过别紧张,我没有任何指责你的意思。我们在之前也讲过了,渴望是人类所共有的。我们都渴望被爱、被接纳、被关注、被尊重、被认可,我们都希望自己是重要的,都想成为中心,这没什么不对。可是,**在关系中,我们要学会既能看到自己,又能看到对方,因为双方都是同等重要的。自我成长的过程,其实就是一个不断发现自己的自我中心再放下自我中心的过程。**"

甄柔嘉不解地问:"好吧,就说我放下自我中心,那这件事要怎

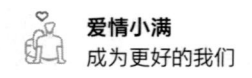

么解决呢？"

老张笑着说："哈哈，你是不是太配合我了啊！怎么这么快就从必须让齐维哲听你的转换到这件事怎么解决上了？"说完，还故意冲齐维哲挤了挤眼睛。

甄柔嘉被老张说得脸微微发红，不好意思地说："这不发现了就得放下嘛。其实我也不是必须要他听我的，但事情总是无法解决啊！"

老张恢复到正常的神情，问甄柔嘉："那你有没有了解过齐维哲在这件事上有什么想法？"

甄柔嘉说："还用了解吗？他就是懒呗！"

老张看向齐维哲，齐维哲摇摇头说道："还真不是懒。你看那鞋柜那么小，虽然你后来也想办法了，买了个收纳盒，鞋倒是放得多了，但是更不方便了。我每天回家后都要先打开柜门，然后拉出收纳盒，再把鞋放进去，真是太麻烦了。反正第二天还要再穿，为什么不能直接放在门口的地垫上？"

老张的神情像是在确认一条很重要的线索，他谨慎地与齐维哲核对："也就是说，齐维哲你的需求是方便，对吗？"

齐维哲回答："是的。"

老张看着甄柔嘉，甄柔嘉并没有对此做出任何反应，老张问道："甄柔嘉，你觉得齐维哲想要获得方便的需求合理吗？"

甄柔嘉好像没有想到过老张会这样问，先是一怔，然后才回答："当然合理啊！"

老张再问:"那么你的需求是什么?"

甄柔嘉想了一下回答:"整洁。鞋都摆在地垫上,打扫起来就会很不方便。如果不经常打扫,那个区域就会有很多毛絮和灰尘。"

"是的,整洁也很重要。"老张表示认同,转过来又同时问向他们两人,"方便和整洁是不是矛盾的呢?有没有可能兼顾呢?"

齐维哲看向甄柔嘉,甄柔嘉低头思考。片刻之后,甄柔嘉说:"其实也可以的。我回想了一下,鞋柜小是小,但其实放我和齐维哲的鞋还是够用的。之所以出现齐维哲认为的不方便的情况,主要是因为我们把不是当季的鞋也放在了里面。我可以先把不是当季的鞋收入储物间,这样就能空出一半的地方了,我和齐维哲的鞋即使不用收纳盒也够放了。这样想来,之前的方式确实很不方便。"

齐维哲听到甄柔嘉的方法,不由得感叹:"哎呀,这么容易就解决了,咱俩之前怎么没想到!"

老张听了齐维哲的感叹,看向甄柔嘉:"在此之前,甄柔嘉认为齐维哲脱掉的鞋之所以不收是因为懒,是吗?"

甄柔嘉点点头:"是。所以我就跟他杠上了。可是,我们这么做并不能解决问题啊,是在较劲呢!"

老张看着甄柔嘉,肯定地说:"你很棒啊甄柔嘉,这么快就转过弯来了。如果你能就事论事地讨论,就是放下自我中心了。之前你认为齐维哲不收鞋是因为懒,但这是你的主观判断。一旦你坚持自己的主观判断,就偏离了客观事实。如果连问题是什么都没找准,那怎么可能达成你所谓的'解决'呢?"

甄柔嘉深深地吸了一口气，又长长地呼出来，今天的探索着实让她有点沮丧。齐维哲感受到了甄柔嘉情绪的低落，手轻轻地搭在了她的背上。甄柔嘉感受着齐维哲宽大的手掌传递出的温度，那感觉就像是在她向下坠落之际有人及时地在她背上打开了降落伞，让她缓慢平稳地着陆在一张柔软的海绵垫上。

甄柔嘉缓了缓神，问老张："除了对自我中心的'发现—放下'，还有什么办法能让人不陷入这种自我中心导致的斗争呢？"

老张回答道："**萨提亚模式特别强调互动中的联结，不仅包括与自己的内在联结，还包括与站在你面前的真实的人的联结，以及与你所处的真实的情境的联结**。注意，它不包括与你头脑中想象的、认为的人或情境的联结。就像对于鞋子这件事，你要真实地联结自己在这个客观事件中的感知，再用你的冰山去联结对方的冰山。然后你就会发现，你们两人在期望这一层是可以兼容的，而不是矛盾的、冲突的——这便是冰山融合。如果从冰山模型的角度来解释，那么从两个独立的'我'到成为'更好的我们'的过程，就是从两座激烈冲撞的冰山到慢慢兼容、直至部分融合的过程。这个过程其实也是自我发现、自我认识的过程。**在自我探知的最后，你会发现自己想要的幸福其实并不需要依赖于另外一个人，你是有能力创造生活中的一切美好的**。此时，你与自己内在的所有资源建立了联结，也就实现了自我的完整。**亲密关系的幸福密码**，不应止步于两个半圆凑到一起拼凑成一个完整圆，而是两个独立的圆相遇，或两个半圆相遇后互相支持、互相成全，彼此都成为更好、更完整的圆，一起共同创造出比他们两个加起来还要大的圆。最理想的状态是你中有我、我中有你，但同时双方又保持着自己的独特。"

第二部分
走出关系困境，让爱在彼此的救赎中浴火重生

甄柔嘉和齐维哲听着老张的话，展开了无限的畅想，不知不觉中停下了忙着记笔记的手。如果能走出自我中心，去积极建立联结，那么通向幸福世界的大门就被打开了，接下来所走的每一步便都是在创造幸福了。

齐维哲像是突然想到了什么，问老张："既然我们已经知道了通往幸福的旅程需要先走出自我中心，但我感觉要想真的走出自我中心，阻力还是挺大的。"

老张认同地说道："是啊，很多事都是说起来容易做起来难啊！要想真正走出自我中心，人们就要有意识地去探索自己的无意识，与无意识达成共识，这既包括冰山下面无意识部分的调整，又包括冰山上面行动上的改变。遗憾的是，大部分人是缺乏这种力量的，造成这种局面的原因是复杂的。有些人因为无法接纳自己的情绪而造成了内耗。就像甄柔嘉用冰山模型复盘时发现她很生气，但在意识到自己生气后又感到了羞愧。因为她认为自己学习了一些心理学知识就应该做到情绪成熟，发脾气就意味着情绪还不够成熟、自己不够好。有些人是无法抵抗诱惑的。例如，他们本想在下班后学习，提升自己的职业竞争力，但是一回到家就想着先刷一会儿手机休息一下也无妨，但玩着玩着就停不下来了。还有些人因为对自我的认知不够清晰，所以渴望向他人证明自己，但越想向他人证明自己，就会在自我中心中陷得越深。"

老张停顿片刻，看两人听得认真，让他们消化一下后又继续讲："如果一个人无法走出自我中心，他的遗憾便会带到亲密关系中，演变成两个人的遗憾。这个道理其实特别朴素，**爱情最基本的内容就是照顾与被照顾**。陷入爱中的人其实都是既想照顾好对方，又想从

对方那里得到好的照顾，让对方满足自己的核心愿望。可是，如果一个人连自己都照顾不好，又怎么可能照顾好别人呢？如果齐维哲是一个抵抗不了诱惑的人，那么甄柔嘉你能相信他能带给你幸福吗？"

甄柔嘉打量了一下齐维哲，摇摇头，像是自言自语："还真是！"

甄柔嘉的打量让齐维哲有些不自在，赶忙说："老张只不过是打个比方。快给我们讲讲，要想避免遗憾的发生，我们可以如何调整？具体要怎么做呢？"

老张看着齐维哲略显紧张的样子，笑了笑，然后认真、耐心地回答道："其实刚刚我已经提到了，这个调整包括两个部分——冰山下面无意识部分的调整，以及冰山上面行动部分的调整。关于无意识部分的调整，我们需要分几次才能讲清楚，稍后再慢慢讲，今天我们先把关于行动部分的调整讲明白。"

每次要讲到重要的或关键的地方，老张都要先停一下，既像是让自己做好准备，又像是等一等甄柔嘉和齐维哲，让他们也都准备好，跟住他的节奏。"之前我们讲过不少故事，你们有没有发现，几乎在所有的冲突背后，我们都能发现一些无意识的模式？拿小晴和小安的故事来说，小晴害怕冲突，因为之前在她和父亲发生冲突时，父亲总时通过软硬兼施的方式让小晴放弃自己的立场。因此，在面对冲突时，小晴形成了自己的反应模式——'冲突—回避'。这个反应模式就像程序一样被输入小晴的无意识中，当她再遇到相似的情境时，就会像条件反射一样被触发，我们称之为'自动化反应'。每个人在成长过程中，都会在无意识中被输入许许多多个这样自动化反应的小程序。"

讲到这儿,老张稍做停顿,把两人杯中已经凉了的茶倒掉,在茶壶中续上热水,待热水浸泡片刻,才一手端着茶壶,另一只手轻轻扶着壶盖,小心地给甄柔嘉和齐维哲的杯中斟上茶。

老张喝了两口茶,看两人的笔记记得差不多了,又继续讲起来:"人们的行动看似是受自己的理智和意识控制的,但要是深挖下去可不一定。甄柔嘉认为自己就是因为齐维哲不把鞋子收整齐而生气,其实这里也有自动化反应在驱动,即'不被重视—愤怒攻击'。不过不管怎么说,这些自动化反应都是我们在与人互动的过程中学习或自己摸索总结而来的,是后天习得的。因此,**我们也可以通过学习对这个自动化程序进行改写,把之前效果不太好的程序改写成为更有助于我们的程序。**"

齐维哲像是看到了一个美好的新世界,兴奋又好奇地问:"还可以改写啊!要怎么改写呢?"

甄柔嘉撇了撇嘴,低声说:"只怕这听起来容易,做起来难吧?"

老张笑着说:"哈哈,其实也没有那么难,我给你们举个生活中的例子。在每次请客户吃饭时你都只会说'吃好,喝好',有一天一位同事跟你说,以后可别这么说了,换点词吧。你会怎么办呢?你可能会先把想说的写下来,第一遍写完还不够满意,然后再一遍遍地修改,直到你觉得满意了,再自己练几遍到你觉得差不多掌握了,下次再和客户吃饭时就能说出更好的话了。"

齐维哲说道:"哦,你的意思是,在请客户吃饭时从只会说'吃好,喝好'到能说更好的话,这个过程就是无意识行动的改写,

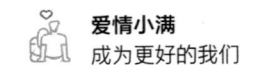

对吗？"

老张点点头。

齐维哲继续说："这样来看，我们其实也做过不少类似的改写嘛。我之前去面试的时候，为了有更好的表现，会提前写了好几页东西，还练了好几天呢。练过之后，效果的确不错。"

老张会心地笑了笑，喝了一口茶，然后说道："对啊，你这个理解很准确。我们再来说说具体操作，想要改写自动化程序，首先就要明确原有的自动化程序的发生过程，可以按照'触发点—自动化行动'的格式把过程写下来。比如将小晴的'冲突—回避'改写成更适合的反应——'冲突—沟通'。又如，将甄柔嘉的'不被重视—愤怒攻击'改写成'不被重视—平静表达'。只要把这个程序通过一定的步骤变成新的无意识反应，就能成功改写无意识程序了。"

甄柔嘉仍皱着眉，说道："我能理解这个操作过程，但我还是感觉具体操作起来并不会像听起来那么容易。我觉得前面写的过程倒还好，但把写下来的程序通过一定的步骤变成新的无意识反应有一定的难度。你再给我们具体说说，该怎么办？"

老张说："其实，把写下来的程序通过一定的步骤变成新的无意识反应并不难，只需要简单的两步。第一步，想象预演，即把自己写下来的程序在脑中进行想象。比如，小晴可以想象自己再次遇到了冲突，甄柔嘉可以想象自己再次不被重视。然后，想象用新的反应——沟通或平静表达——是如何行动的。这个过程特别像导演在脑海中构思电影的过程，因此被称为'想象预演'，就是在自己的想象中彩排未来自己再次遇到触发点时的无意识反应。第二步，实际演练。这个步骤是基于第一步的想象在实际生活中的运用。毕竟，之前的无意识行动是在实际生活中形成的，新的程序也只有经过在生活中的不断实践，才能最终形成新的模式。在实践过程中要特别注意一点，就是和对方保持沟通反馈。毕竟在亲密关系中，要想走出自我中心，就要既关注自己的感受，又关注对方的感受。这样一来，模式的改写才能真正起到消除阻碍、促进关系的作用。"

听到这儿，甄柔嘉感觉顿悟，说道："这样一来，我们就可以少一点糟糕的无意识的行动了。"

老张赞叹道："精辟！这些效果不佳的无意识行动会逐渐被更有效的行动替换，从而持续有效地提升亲密关系相处过程中的舒适程度。这样听来，问题是不是全都解决了呢？其实不然。"

"啊？还有什么啊？"甄柔嘉惊讶地问道。

"有一些无意识行动特别难以调整。如果有一些无意识行动无法通过这个方法进行有效调整，就说明还有一些重要的无意识心理要素形成了阻碍，需要进行冰山调整，我们稍后会专门花一些时间来讨论这个问题。"老张不疾不徐地说。

听到这儿，甄柔嘉微笑着说道："我懂了，以后还得慢慢学嘛，总有学有所成的一天。长征不是一天就能走完的，也不是永远都走不完的，对吧？"

老张笑着说道："哈哈，你的这个心态不错嘛。还记得上次我们说的冰山冲撞模型吗？如果在冰山冲撞模型的基础上去使用无意识行动改善的方法，那么效果会显著，以下就是具体的操作步骤。"

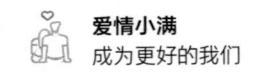

第 1 步：梳理有问题的无意识行动清单。

从冰山冲撞模型或向伴侣的提问中，了解自己有哪些无意识行动会令伴侣不舒服，把这些行为记录下来，形成一个清单。

第 2 步：确立待调整的特定行为，并用文字写下来。

在清单中找到一个无意识行动，并回想自己每次是在什么情况下无意识地做出了类似的行为，通过对过去情况的总结，将这个无意识行动按照"触发点—自动化行动"的格式写下来。

第 3 步：尝试找到更好的自动化行动方式，并用文字写下来。

这一步是整个过程中最为关键的一步，也是最难的一步，大多数人也正是因为不了解还有什么更好的方式，所以才维持着过往的行动方式。

以下几种方式将有助于你做好这个步骤：

- 向他人取经，尤其是在这种情况下做得好的人，学习他们的行动方式；
- 从这个领域的书籍或课程中学习；
- 尝试各种可能的应对方式，然后对比这些方式带来的不同效果，从而找到更好的行动方式。

不论采取哪种方式，只要是在最终找到了更好的行动方式，就可以把这种方式按照"触发点—更好的自动化行动"的格式进行改写。

第 4 步：和伴侣共同确认效果。

你需要和伴侣对新的行动方式进行模拟互动，让伴侣感受这个新的行动方式是否更舒服。只有经过这个步骤的确认，才能减少以后走弯路的可能性。因为第 5 步和第 6 步需要花费大量的时间，如果随便找个梯子就爬,那么你很可能会发现梯子的尽头并不是你想去的地方。因此,在爬之前先确认好最终的目的地是不是自己想去的地方是非常重要的。

第 5 步:进行想象预演和意外预案的想象预演。

有了新的行动方式就可以在想象中进行预演了,可以先根据过去发生过的事例去想象,想象自己在过去被触发的状态下,用新的行动方式是如何做的。把过去发生过的事例都想象过之后,再想象如果在未来的生活中发生了这种情况,那么你将如何用新的行动方式去应对。

在做完这些想象预演后,你还可以再想象一下,如果存在一些意外情况,你又将如何应对。还可以想象一下如果你没有控制住,又回到了过去的行动方式,那么你可以如何提示自己采用新的行动方式。做这些想象能帮助你应对实际生活中的各种复杂情况,使新的行动方式更容易落地。

第 6 步:进行实际演练,并根据实际情况灵活应对。

如果你能在想象预演中熟练运用,就可以进行实际演练了。最开始时,可以让对方配合着去演练,即让对方模拟实际情况去触发自己,你要试着采用新的行动方式去应对。

随着你运用得越发熟练,接下来就可以在真实生活中练习了。注意,你需要根据实际情况灵活调整,最终让这个新的程序成为你的无意识行动。

甄柔嘉和齐维哲不停地在本子上记录着,看他们记得差不多了,老张总结道:"只要对以上的步骤进行大量的练习,就能慢慢地让在亲密关系中令彼此不舒服的无意识行动得以改善,从而迅速提升亲

爱情小满
成为更好的我们

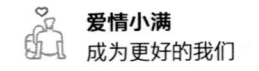

密关系相处的品质。在下次见面之前，请按照下面的指导练习，并尽量凭借直觉来回答各个问题。"

1. 查看冰山冲撞模型或向伴侣提问后，你了解到你有哪些无意识行动会令对方不舒服或难以接受？

_____

_____

2. 把一个无意识行动作为待调整的特定行为，你想要对哪个动作进行调整？请按照"触发点—自动化行动"的格式把它记录下来。

_____

_____

3. 在以上的触发过程中，有没有更好的行动方式？这个更好的行动方式是什么？请按照"触发点—更好的自动化行动"的格式把它记录下来。

_____

_____

4. 你和伴侣进行模拟演练后，伴侣是否也觉得这个更好的行动方式令他/她更舒服？改变的程度有多大？

第二部分
走出关系困境，让爱在彼此的救赎中浴火重生

5. 回想过去在哪些情况下，你运用了这个无意识行动？如果用新的行动方式，那么你会如何去做？请想象如果在未来出现了触发情况，那么你将如何使用新的行动方式去应对？如果出现了意外情况，你又将如何应对？你有什么具体的计划？

6. 在未来的生活中，你准备如何与伴侣共同实际演练这些新的行动方式？你有什么具体的计划？

7. 这次的内容给你带来了什么启发？

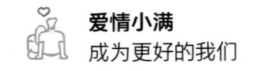

老张说道:"经过以上练习,你们就应该能理解该如何彻底解开冰山冲撞的问题了,也能提升改善令对方不舒服的无意识行动的能力了。下次见面时,我将和你们聊聊如何一步一步地软化冰山,让融合发生得更加容易。"

甄柔嘉和齐维哲谢过老张。出门后,甄柔嘉很自然地挽着齐维哲,齐维哲侧过头温柔地看着甄柔嘉,然后用另一只手轻轻地抚了抚甄柔嘉挽着他的手,两人有说有笑地回家了。

第 10 章

治愈童年创伤，才能改变彼此的相处模式

软化的模式：重建自我与开启新生活

心理咨询的绝大多数工作都是为了治愈来访者经历过的创伤，其最为核心、关键的部分就是重建自我。

"无意识行动、自动化程序、冰山冲撞、冰山融合、有效沟通……"出了电梯，甄柔嘉快速回忆着之前老张讲的内容，口中不自主地小声念叨着。这源于她上学时养成的习惯，每天在进教室前都要回忆一下上节课的内容。

"行了，别嘟囔了，老张给咱们开门了。"齐维哲说，甄柔嘉马上回过神来。

老张开门迎进二位，尚未落座，就问道："你们在这个星期过得怎么样？"

"我们挺平静的，没怎么争吵，对吧？"甄柔嘉说着，看向齐

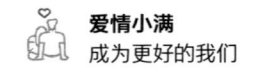

维哲。

齐维哲嘴上说"是是是，没怎么吵"，但同时又笑得意味深长，让老张不禁在心中留下了一个问号。

老张看着他俩赞许地说："看来你们在实践中进步很大啊，有效沟通增加了，争吵就减少了，就进入良性循环中了。"接着，他又看着齐维哲，别有深意地说，"不过，吵架也不是坏事。我们说过，如果能通过沟通把两个人意见不一致的地方梳理清楚，那么冲突不仅不会伤感情，还会由此而成为增进彼此了解、拉近彼此距离的转机。这样看来，把架吵出来倒是好过为了回避冲突的粉饰太平了。"

老张说完，刚好热水烧开，他顺势摆弄起茶具来。齐维哲看着从壶嘴冒出的丝丝缕缕的雾气，缓缓升腾、消散，脑中反复琢磨着老张刚刚说的话。

"其实……"齐维哲看了一眼甄柔嘉，又看向老张，说道，"嘉嘉不太愿意听别人的不同意见。当然，我也知道我说话比较直，也有点难听。再说，女孩子嘛，谁还没点脾气呢，身为男人能包容就多包容，我就少说呗。两口子偶尔呛呛两句，我倒觉得也不是什么大事，过日子不都这样吗？可是，嘉嘉却觉得这是个事。所以，在她最开始的时候说来找老同学的时候，我就想着你要是觉得有这个必要就来呗。"

"嗯？"甄柔嘉惊疑地看着齐维哲，他今天说的这些都是他之前从未表达过的。

在齐维哲跟老张说话的同时，也一直关注着甄柔嘉的反应，此时他很真诚地看了一眼甄柔嘉，说道："你先别着急，听我把话说完。"他转过头,继续对老张讲道,"到你这儿学习一段时间后,确实很有收获,尤其是学习了几种冲突之后,我感觉我和嘉嘉确实比以前能互相体谅了,相处起来也越来越轻松了。不过,你说只要能吵明白就不怕吵架,但我现在有时还是觉得吵不明白。"

"啊?"齐维哲说完,甄柔嘉更是摸不着头绪了。

老张也好奇地问:"来,说说看。"

齐维哲看到他面前的茶杯里已经倒好了茶,先端起杯喝了一口,才开始讲:"嘉嘉是个挺坦诚的人,这一点难能可贵。可是有时候,她在表达一些观点时或跟我讲一些单位里发生的事时,我站在旁观者的角度看,很容易就能看出是她片面了,只站在她自己的角度去看问题。如果我在此时给她指出来,她就一点也听不进去,觉得我是在否定她,这使得我后来和她说话时总是小心翼翼的。过了一段时间,我又会觉得她也不是完全没听进去。几个月前,她在单位遇到点小挫折,当时她的情绪反应特别激烈。在她回家跟我说起这件事时,我都觉得她的反应挺吓人的,所以当时我就什么都没敢说,只是安慰了她几句,她则跟我嚷了几句,拿我出个气,我并没在意。过了两三个月后,这件事慢慢过去了,她也想明白了,主动和我起来这件事,她的想法也发生了变化,终于不钻牛角尖了。可是当时我也不敢跟她多说什么,否则她肯定又说我跟她母亲似的,总是教育她。还有昨天,她跟我说她的一位同事做好事,我就跟她分析是她想问题太单纯,我后面的话还没说呢,她就又不高兴了,说我总是妄下判断……"

听了齐维哲的话,甄柔嘉的心里五味杂陈。齐维哲跟她说话时的小心翼翼甄柔嘉是知道的，这让甄柔嘉感到和齐维哲之间总是隔着什么，说不清，但又跨越不了，这也正是她当初想来找老张的原因。

老张觉察出甄柔嘉的心理活动，平静又温和地看着她问道："甄柔嘉，齐维哲刚刚谈到的这些让他感到困惑，你想谈谈吗？如果你现在不想谈，那么你也可以在你想谈的时候再谈。"

甄柔嘉长出一口气，说道："谈吧，其实我也不知道该怎么办……我想靠近他，但总感觉他离我那么远——这种距离又是因为我让他害怕造成的。想到这儿，我就感到特别特别绝望。"

老张继续柔声问："刚刚齐维哲提到，你会说他像你的母亲一样教育你，他说了什么让你想到了母亲？"

甄柔嘉谈起了自己的母亲。在甄柔嘉的记忆里，母亲很严厉也很严肃，只要甄柔嘉做错了事情，哪怕是很小的事情，也会被母亲非常严厉地责骂，甚至在她遇到不会的事情问母亲时也会挨骂。甄柔嘉至今仍清楚地记得，她在上中学时，老师让每位同学从家带一块和好的面团，在劳动课上学习包饺子。回家后，甄柔嘉一边回忆着往常母亲和面的样子一边尽力模仿，但还是做不好。于是，甄柔嘉向母亲请教，结果母亲满脸的嫌弃，非常不耐烦地过来给她做示范，还说"没有人比你更笨了"。听到母亲这么说，甄柔嘉鼻子一酸，强忍着不让眼泪掉下来。甄柔嘉说，无论自己多么努力，都好像永远无法达到母亲的期待。她一直在心里幻想，如果自己的母亲能像别人的母亲那么温柔该多好。

讲到这儿，甄柔嘉哽咽了。她停下来，平息了一下自己的情绪，又讲到了齐维哲:"齐维哲追我时,我简直不敢相信,居然还会有人觉得我有那么多的优点。在我们确立关系后,我觉得齐维哲是比我的母亲还要亲近的人。可能正是出于这个原因,当齐维哲提出和我不一样的观点时,我就会特别激动,认为齐维哲不再认可我了,甚至是像母亲一样否定我、嫌弃我。"

听了甄柔嘉的话,齐维哲一时不知道要说点什么才好,仿佛他真的做错了什么,给甄柔嘉带来了伤害。他问老张:"这是不是原生家庭造成的创伤?"

老张回应说:"的确是这个问题。上次我们说到要改善无意识行动,并不是每个无意识行动都只是一个触发程序而已。就像甄柔嘉所说,她并不想对你发脾气让你怕她,但是她也控制不住自己有如此激烈的反应。因为在无意识行动背后有重要的心理原因,使这些触发程序有了特别的意义,所以难以改变。"

老张把甄柔嘉杯中凉了的茶倒掉,又给她续上热的,再给齐维哲和自己的杯子里也添上热茶。三人默默喝了一泡茶,老张才又继续讲起来:"在这种情况下,使用上次学习讨论的方法就起不到效果了,因为这个触发程序是负责保护甄柔嘉的。小时候被母亲责骂、否定的经历对甄柔嘉来说太糟糕了,所以当满足甄柔嘉伴侣蓝图的齐维哲做出任何在甄柔嘉看来与母亲对待自己的方式相似的举动时,甄柔嘉内在的警报就被拉响了,就会触发'感到被否定—激烈反应'的自动化程序。然而,齐维哲并不是甄柔嘉的母亲,也没有以母亲对待甄柔嘉的方式来对待她,所以甄柔嘉的激烈反应不但没有起到保护她的作用,反而将爱自己的齐维哲吓跑了。"

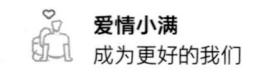

甄柔嘉问道:"哎呀,那这种情况是不是并不仅仅包括童年创伤,还包括长大以后的经历?"

老张回答:"是啊!有时我会让来访者整理个人的家庭年代表,写下他从小到大经历的重大事件,然后我们会发现在很多事件中都伴随着令来访者感到受伤的体验。这些事件从广义上讲都可以被称为'创伤事件',而且它们往往与我们在亲密关系中存在的问题有着千丝万缕的联系。"

甄柔嘉打趣地说:"那齐维哲的前女友嫌他脚臭跟他分手,所以我一说他脚臭他就急,也算是创伤后遗症了吧?"

"我的天,我一猜你就得把这事再找补回来,小心眼!"齐维哲无奈地说。

老张才明白过来这两个人在说什么,不禁被他们逗笑了,气氛变得轻松多了。老张继续讲道:"心理咨询的绝大多数工作都是为了治愈来访者经历过的创伤,如果暂不考虑心理咨询的流派和技术等,只保留其最为核心、关键的部分,那就是**重建自我**。"

甄柔嘉不解地问:"治愈创伤和重建自我有什么关系?"

老张说道:"在我们之前讲冰山模型的时候,已经讲过一点关于自我的概念了。今天咱们换一种方式来讲,能帮助你们更好地理解自我的概念。英语中关于'我'的代词,有主格的 I 和宾格的 me,且主格和宾格在形态上是有区分的。主格的 I,形态上是主动的,对应自我的液态部分,这个部分是我们生来就具备的,包括我们的身体、感官系统、心智,是我们所拥有的资源;宾格的 me,在形态上是被动的,对应自我的固态部分,是我们在成长过程中为了适应生存而逐渐形成的自我。"

甄柔嘉和齐维哲不停地在本子上记录着,他们都对这种说法感到既新奇又有些难懂。

看到两人的样子,老张打算用一种隐喻来帮助他们理解,问道:"齐维哲,你喜不喜欢看赛车?"

齐维哲摇了摇头。

老张说:"在我看来,人生就像是一场汽车拉力赛。每辆拉力赛车除了有一名驾驶员外,还会配备一名领航员。区别于其他赛车的是,汽车拉力赛的比赛道路是各种临时封闭后的普通道路,既包括山区和丘陵的盘山公路、沙石路、泥泞路、冰雪路等,又包括无法封闭的沙漠、戈壁、草原等地段。复杂的地形和漫长的赛程不仅考验车手的车技和经验,还很考验领航员的配合。主格的 I 就像驾驶员,驾驶着身体的赛车,在人生的各种赛道上驰骋;而宾格的 me 则像是领航员,根据手中的地图向驾驶员提示行车路线。还记得咱们之前讲过的地图吗?"

甄柔嘉边回忆边翻着笔记本,然后在其中的一页定格,抬头说道:"讲冰山模型的时候提到过——观点!"

"哈哈,不错啊甄柔嘉,没把之前学的知识还给我!"老张赞赏地点点头,继续讲,"是的,观点的确会影响我们的行动。不过,人在年幼时尚未形成成熟的思考能力,因此形成的地图很可能是不全面的、没有实时更新的,甚至是错误的、无法对应实际情况的。你想想,在开赛车时如果没有地图就等于盲开啊!要是拿了错误的地图,那么轻则会走错路,重则可能会造成事故,给人和车带来伤害。

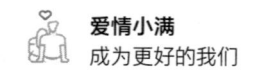

所谓'创伤',其实就是这么回事。"

甄柔嘉听了老张形象的例子,不禁说:"怪不得有些无意识行动难以改变呢,原来和创伤有关。"

齐维哲思考了一下,又问道:"那是不是说,我们可以通过重建自我来治愈童年创伤?"

老张回答道:"是的。这个过程既可以用自我内在对话的方式,还可以通过一些专业的技术来获得疗愈的效果,比如,萨提亚雕塑、空椅对话等技术。今天咱们先说说自我内在对话,这个方式比较适合用来进行自我疗愈。甄柔嘉,既然你刚刚谈到了小时候的一些经历,那么你是否愿意现在就跟着我来试试看呢?"

这个邀请令甄柔嘉感到出乎意料,但还是欣然接受了。老张对她简述了一遍步骤,甄柔嘉又确认了一遍后,轻轻地闭上了眼睛。

她先是回想起自己儿时被母亲骂得很惨的一次。随着记忆的打开,那些挫败、沮丧、难过的感受渐渐涌现出来,将她淹没。甄柔嘉感到自己仿佛陷入了一片黑暗的沼泽,无法自拔,母亲的那些批评就像锋利的箭矢,一支支刺入她的内心。之后,按老张说的,她开始想象那个正在被骂的自己,一个满脸泪痕的小女孩浮现在她的眼前。甄柔嘉的眼角湿润了,凝聚成一颗颗晶莹的泪珠,沿着脸颊缓缓滑落。

看着爱人流泪,齐维哲的心也被牵动着,他轻轻抽取一张纸,小心地塞进甄柔嘉的手里。只见甄柔嘉仍闭着眼睛,拿起纸巾快速地擦拭泪水,然后微微张开手臂。手臂在空中停留了片刻,又慢慢收拢,做出了拥抱的动作。甄柔嘉的这个动作保持了一会儿,然后

第二部分
走出关系困境,让爱在彼此的救赎中浴火重生

将双手慢慢移动到胸口的位置,最后做了一个深深的呼吸,才眨眨眼缓缓睁开。

看着甄柔嘉的表情转为放松和平静,齐维哲松了口气,关切地问:"怎么样?"

甄柔嘉缓缓地说:"好多了。我看到一个小女孩,七八岁的样子,一脸的胆怯。我张开双臂,问她要不要到我怀抱里来。她说她不敢。我对她说,不用怕,我是长大后的你,你的难过和委屈我都知道。听我说完,她就小心地走了过来。我把她揽进怀中,对她说,不用怕,以后我会一直把你放在我心里,好好照顾你。我能感觉到她起初还有点拘谨,身体也很僵硬,听我说完就变得松弛、柔软了。随后,我问她愿不愿意变小,小到可以住进我心里?她点头同意了,变成我大拇指这么大,我把她放在胸口的位置。"说着,甄柔嘉用手拍了拍胸口。

老张点点头,也关心地问:"那么你现在的感觉怎么样?"

听到老张这样问,甄柔嘉刚刚放下的手又摸了摸胸口,说道:"我感觉这里暖暖的,好像是被什么填充了,有一种更扎实的感觉。"

齐维哲惊奇地感叹:"好神奇啊!这一切是怎么发生的啊?"

老张笑了笑,向齐维哲解释道:"人在幼年的时候,对于伤痛的防御能力和承受能力都比较弱,经历过伤痛后也会觉得特别疼。长大以后,可能已不记得当时发生了什么事,但是那种受伤的挫败感会始终记在心里。为了避免再经历类似的痛苦体验,人会变得特别警惕,随时处于应激状态。不过,小时候的甄柔嘉无力承受的东西并不代表她现在也无力承受。所以,带着长大后的甄柔嘉重新去经

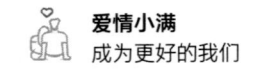

历她小时候遭受痛苦的那个时刻，让现在的她去安抚那时的她，就是对自己再抚育的过程。"

齐维哲忍不住赞叹这个过程的行云流水和温暖，老张补充说道："不过，需要提醒一点，这种自助方法更适合处理那些不是特别严重的创伤。如果有较大的创伤，那么还是建议去专业的心理咨询机构接受干预。"

甄柔嘉和齐维哲点了点头。

老张继续说："之前我们讲过冰山模型记录表，在我们借助这个表找到自己难以改变的无意识行动后，就可以使用疗愈内在小孩的方法了。具体操作方法如下。"

第1步：梳理难以改变的无意识行动清单。

在第九次学习讨论的清单中，对于一部分的无意识行动，运用第九次学习讨论中介绍的技巧就能让它们发生改变，但还有一些是难以改变的，可以将它们汇总在一张新的清单中。

第2步：确立一个有待调整的特定行为，并找到背后的创伤经验。

将清单中的一个无意识行动确立为有待调整的特定行为，然后去感觉这个触发过程被激发时自己的感受，花点时间去体会这个感受，留意当这种感受出现时，自己的身体有什么变化，增进对它的感知。然后问自己以下问题：

- 在我过去的生活中，这种感受是否出现过？
- 当时我经历了什么？

- 这种感受是出现了一次，还是许多次？

上述问题的答案就是你需要探寻的创伤经验，在这个创伤中出现的内在小孩就是需要获得疗愈的。

第 3 步：重历创伤经验，让内在小孩渐渐浮现。

你可以运用内在意象、萨提亚雕塑、空椅对话等技术重温当时的创伤经验。在这个过程中，你会渐渐看到当时的自己并重温当时的感受。请多一些耐心，尽可能浮现更多的细节，尽可能更深入地沉浸在当时的感受中，这将有助于提升后续疗愈工作的效果。

- **内在意象**。这是自我操作的常见形式，即运用内在画面、声音、感觉想象的方式，可以闭上眼睛，进入相对放松的状态，尽量减少思考，多进行想象细节。
- **萨提亚雕塑**。这是萨提亚课堂中的常见形式，通常是选取几名一同参加课程的同学，让他们分别扮演当时的人物或内在小孩等角色，像情景剧一样和主角一起把当时的情况重演出来。这样可以把当时的情况和内在小孩的状态直观地呈现在现场的课堂中，以便在老师的指导下，帮助主角对自己的内在小孩进行再抚育。
- **空椅对话**。这是完型疗法中的一项著名技术。可以摆放两把椅子，让个体坐在不同的椅子上代表不同的身份——一把代表自己，一把代表内在小孩。这样就可以让个体与自己的内在小孩对话，然后再通过对话对内在小孩进行再抚育。

第 4 步：对内在小孩进行再抚育。

步骤如下：

- **安抚受伤的内在小孩的情绪**。可以说一些安抚的话，可以让他表

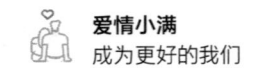

达自己的想法和感受,可以给他一些必要的支持,可以提供一些行动的帮助等。

- **再陪伴和抚育这个内在小孩**。让这个内在小孩逐渐松弛下来,陪着他逐渐长大,最终重新回归到你的身体里。

第 5 步:对无意识行动改变程度的确认。

你可以去试着想象:在未来的生活中,如果能导致无意识行动的触发点再一次出现,你是否还会产生那么强烈的感受?是否可以自由地选择自己的行动?如果可以自由选择自己的行动,就说明你成功地疗愈了内在小孩,让改变无意识行动的阻碍得以消除,从而可以自由地改变这个无意识行动了。

第 6 步:重新使用第九次学习讨论练习中的步骤。

可以按照第九次学习讨论的步骤,写下无意识行动的一般格式,探索更适当的行动方式,并在生活中逐步实践,直到形成新的无意识行动方式。

老张继续说:"只要对以上步骤进行大量练习,就能让那些难以改变的、让彼此不舒服的无意识行动得到改善,这对于亲密关系来说是意义非凡的。在下次见面之前,请按照下面的指导练习,并尽量凭借直觉来回答各个问题。"

1. 经过第九次学习讨论的练习之后,你发现有哪些无意识行动是难以改变的?

第二部分
走出关系困境，让爱在彼此的救赎中浴火重生

_____

_____

2. 把一个无意识行动作为待调整的特定行为，你想去调整什么？这个无意识行动是由哪种强烈的感受驱使的？

_____

_____

_____

3. 在你过去的生活中，是否出现过这种感受？当时你经历了什么？

_____

_____

_____

4. 回忆那些经历，你当时处于什么样的状态中？当时的你有什么感受？当时的你是什么样的？

_____

_____

_____

5. 你想给当时的自己什么样的再抚育？你打算采用哪种方式（内在意象、萨提亚雕塑、空椅子）进行？

_____

_____

6. 在对你的内在小孩进行再抚育后,你的感受发生了什么变化?你选取的那个无意识行动发生了什么变化?

_____

_____

_____

7. 这次的内容给你带来了什么启发?

_____

_____

_____

齐维哲说道:"这么看来,并不是所有的无意识行动都像你上次讲的那样那么容易改变,那些受原生家庭成长过程中经历创伤所形成的无意识行动很难调整,你今天讲的方法就是专门针对这种情况的了。"

老张:"是的,你应该能够明白该如何改变那些难以调整的无意识行动了,也拥有疗愈自己内在小孩的能力了。下次我们将讨论如何让亲密关系中两个不同的自我产生融合,进而启动冰山的融合过程。"

"容易改变的和不容易改变的方法都有了,就能重建自我了,接下来还有融合问题?"甄柔嘉心里嘀咕着,与齐维哲一起跟老张告别,很期待下个星期的见面。

第 11 章

双向奔赴，余生你是我的欢喜

融合的启动：愿景整合与相向而行

要想实现冰山的融合，两个人就要为彼此的生活设定一个共同的目的地。这个目的地能否成功设定，又会受到两个人各自的核心愿望的影响。

齐维哲为了每个星期五下午既可以去跟老张学习又不影响工作，总会在星期四加一会儿班，提前把星期五的工作做完，所以回家也会稍微晚一点。

在这个星期四的傍晚，甄柔嘉下班刚进家门就听到厨房传来了熟悉的声音，齐维哲居然先回来了。齐维哲知道甄柔嘉很喜欢吃好吃的，所以一有时间就变着花样地做各种美食和甄柔嘉一起品尝，他说这叫投其所好。

甄柔嘉回顾与齐维哲一起生活的这么多年，他对自己真的可以说是大事上有担当，小事上有照顾。然而，再想到未来，甄柔嘉的心里仍有些许忧愁，谈起买房子、生孩子等人生大事，别人家的妻子往往是因为丈夫什么都不过问而伤心；她则是因为丈夫什么都固执己见而烦心。唉，人人都有一段难解的忧啊！甄柔嘉一边想着，一边换下自己的职业套装，准备去厨房给齐维哲打打下手。

"别进来了，我都快忙完了，这个菜出锅后就可以开饭了，你一会儿把水烧上就行了。"齐维哲透过厨房的玻璃门对甄柔嘉说着，手上的活一直没停。

甄柔嘉答应着，拿起客厅的电水壶走进厨房接水。不一会儿，齐维哲听到了水溢流的声音，他一个箭步冲上去关掉了水龙头，用手碰了碰甄柔嘉的胳膊，然后疑惑地看着她。甄柔嘉回过神来，有些不好意思地笑了笑，显然她之前在思考着什么。

第二天，他们如约来到老张的工作室。刚刚坐下来，甄柔嘉就迫不及待地问道："上次离开的时候你说到了两个人的冰山融合，这个星期我就一直在想，如果两个人从观点到期望都不一致，那么将如何融合？"

"原来你这个星期看起来心事重重的，是在想这个啊？"听到甄柔嘉的问题，齐维哲脸上表现出了一种看到谜题揭晓的释然。接着他又说，"不过，我对这个问题也挺好奇的。"

听到他们二人的疑问，老张笑了笑，说道："讲到冰山的融合，我们确实是要找到两个人在亲密关系中共同的目标，而且这个目标是可以兼顾到两个人各自的核心愿望的。也就是说，两个人要想在目标上达成共识，就要先弄清楚各自想要的是什么。可是，我们真的清楚自己想要的是什么吗？我有不少来访者是因为对某个人或某件具体的事感到失望而走进咨询室的，他们都有非常明确的'想要'。不过，在我们工作了一段时间之后，他们真正的'想要'才会浮出水面。我给你们讲个我之前咨询过的案例来说明吧。当然，我在给你们讲这个案例的时候，不仅会用化名，还会在叙述的时候保护来访者的隐私。小璐前来预约咨询时显得非常紧急，好像随时都可能会被离婚，她要尽最大努力挽救自己的婚姻。在建立了良好的咨询关系之后，我们进行了一次非常有意思的探索——我们探索了如果她所期望的实现了，她会得到什么，也就是她挽救婚姻的真实需求是什么。"

案例

老张："如果挽救婚姻成功，那么这会为你带来什么？"

小璐："这样我的儿子就有爸爸了，他就不会被别的小朋友嘲笑。"

老张："当儿子因为有爸爸而不被别的小朋友嘲笑时，又会为你带来什么？"

小璐："我的儿子有一个完整的家，我是有婚姻的人。"

老张："儿子有一个完整的家，你也有婚姻，这又可以为你带来什么更重要的？"

小璐："我丈夫特别高大，情商也高，很会说话，在我和同学聚会时带他去我就觉得特别有面子。"

老张："在同学面前特别有面子可以给你带来什么？"

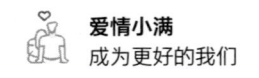

小璐："虚荣心吧，证明自己还有那么点魅力。"

老张："当你可以证明自己有魅力，又可以为你带来什么更重要的？"

小璐："给自己点自信，让自己振作起来，有点精气神。"

老张："有了自信，振作起来以后，又会为你带来什么呢？"

小璐："让自己拥有精彩的人生。"

接下来，老张又和小璐一起探索了她的伴侣期待的结果能为她带来什么，这其实是离婚背后隐藏的需求。

老张："离婚之后，会给你带来什么？"

小璐："什么都没有了，但是生活应该能轻松一点，不用做那么多没必要的家务了，也不用承受他的冷暴力了。"

老张："当你的生活轻松了，不用做那么多没必要的家务了，不用承受对方的冷暴力了，这一切可以给你带来什么？"

小璐："能有很多自己的时间，慢慢找到自己的生活方式。"

老张："找到自己的生活方式，你能获得什么？"

小璐："获得安静。"

老张："获得安静后，会给你带来什么更重要的？"

小璐："身体得到休息，精神也得到休息。"

老张："在你得到休息后，你还会获得什么？"

小璐："从阴霾中走出来，放下过去，轻装向前。"

老张："放下过去，轻装向前之后，你将会获得什么？"

小璐："把身边的这些人给我造成的影响转变为动力，储备资源，让自己更强大。"

老张："哦，强大之后的你又将获得什么？"

小璐："走向精彩的人生。"

第二部分
走出关系困境，让爱在彼此的救赎中浴火重生

"太不可思议了！"听到这儿，甄柔嘉不禁发出惊呼，"挽救婚姻和离婚的理由居然是同一个！"

齐维哲也附和道："确实太难以置信了，本来是矛盾的诉求，居然在渴望上重叠了。"

老张认同地点点头："连小璐自己也感到非常惊讶，但也正是因为这样的探索，让她不再纠结于要不要离婚，放弃了让对方回心转意的期待，转而开始关注自己。在后面的咨询中，小璐还谈到，其实她自己当初是不想结婚的，但是因为父母总催，觉得婚姻也许是人生该有的一部分，结就结吧。这样一来，父母认为小璐该有的生活和小璐内心真正渴望的生活产生了冲突，小璐顺从了父母的期望，并且以牺牲真实的自我为代价，差点忘记了自己曾经想要什么。通过探索核心愿望，我帮小璐看到了束缚她的来自父母的期望，也帮她找回了自己没有被满足的渴望——拥有精彩的人生，并让实现这个渴望成为可能。"

"那后来她离婚了吗？"甄柔嘉好奇地问。

齐维哲笑她："哈哈，你怎么那么八卦！"

老张也笑了，说道："这个案例还真值得八卦一下，因为更神奇的在后面。差不多间隔了半年，小璐再次联系到我，说她丈夫主动提出和她一起做咨询，问我可不可以。她丈夫跟我说，两年前他和小璐吵架吵得最凶，两人互相攻击，而且是发自内心的攻击，真的不想过了；现在，他则很想和小璐安安稳稳、平平淡淡携手走下去。"

甄柔嘉再次惊呼："天啊！居然还能发生这样的反转？"

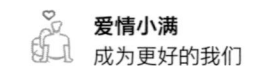

齐维哲也惊讶地问:"这是怎么回事啊?"

面对两人的惊讶,老张依然平静自若,悠悠地说:"我在咨询中慢慢了解到,小璐的父母都很优秀,总希望小璐能青出于蓝胜于蓝,于是从小就对小璐高期待、严要求。在小璐看来,无论自己多么努力好像都无法让父母满意,甚至她感觉父母很嫌弃自己。这就不难理解小璐想要实现精彩人生的核心愿望了。而对于小璐的丈夫来说,在他的成长过程中,全家人都给予了他很多甚至超过他实际需要的关爱。过多的关爱也向他传递出这样的信息——靠你自己是不行的,而且这是出于对你的爱,你怎么可以拒绝呢?这样的爱既没有尊重孩子的感受,又没有尊重孩子的心理边界,所以小璐的丈夫有一个渴望被尊重的核心愿望。"

老张停下来,看了看甄柔嘉和齐维哲,两人对他点点头,表示跟上了他的节奏。

老张不由地一笑,又继续讲了起来:"我们前面已经讲过核心愿望对一个人的重要了,如果核心愿望没有得到满足,就会成为这个人的执念,做什么事都惦记着如何实现。因此,从我和小璐的对话中我们可以清晰地看到,丈夫对她来说,只是实现自己精彩人生的工具;对小璐的丈夫来说,之前也是在借助小璐实现自己的核心愿望罢了。这两个人都想通过对方来实现自己的核心愿望,能不打架吗?这就是核心愿景分歧。亲密关系其实是一场合作,就像是西游记中师徒一同去取经一样,如果大家各怀心思,这经还能取成吗?"

齐维哲暗自念叨着:"还真是。"

"小璐的丈夫为什么能半年之后发生这么大的转变呢?"甄柔嘉

第二部分
走出关系困境，让爱在彼此的救赎中浴火重生

仍然对此充满了好奇。

老张耐心地解释道："原因不难理解。小璐咨询之后就开始关注自己了，再与丈夫因为什么事发生冲突时，她就画冰山冲撞模型，找到自己的期望，尝试着为自己负责。这样一来，她就不再会去要求丈夫为自己做什么了。少了这些挑剔和指责后，丈夫之前在和小璐的关系中感受到的不被尊重的感觉也减轻了，两个人的互动就慢慢发生了改变，而且是良性的改变。"

甄柔嘉像是恍然大悟地问："那是不是可以这样理解？要想实现冰山的融合，两个人就要为彼此的生活设定一个共同的目的地。这个目的地能否成功设定，又会受到两个人各自的核心愿望的影响。"

"是的。甄柔嘉，我发现你总结概括的能力特别强！"老张的鼓励让甄柔嘉脸上洋溢着满足的笑容。

齐维哲继续追问："为生活设定一个共同的目的地，还要兼顾两个人各自的核心愿望，像小璐和她丈夫好像也是经历了很长的时间才做到的。有没有更便于操作的方法呢？"

老张回答："当然有啊。我把这个方法称为'共绘生活愿景'，即在商定出共同目标的过程中，整合彼此的核心愿望。对于大部分人来说，核心愿望是无意识中最隐秘的心理要素，很少被提起或被探讨，所以多少会有些陌生。这个方法就是帮助处于亲密关系中的双方呈现各自的核心愿望，并一起绘制出新的双方共同的生活愿景。不过，要想达到较好的效果，我们在开始前需要先做好准备。你可以先问问自己，你是否能与你的伴侣一起期许未来？你的内在是否有某个部分仍有担忧？如果有，那是什么？

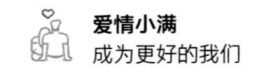

"如果对这些问题的答案是没有担忧,或担忧处于可承受的范围内,就可以进行以下练习了;如果这些担忧会影响你,你就要把这些担忧的部分写下来,先去和这些担忧做一些工作,直到确认担忧减少到不会对你造成影响的程度,就可以做下面的共绘生活愿景的练习了。"

介绍完方法,老张看了看甄柔嘉,又看了看齐维哲,问道:"你们俩想不想试试呢?"

甄柔嘉和齐维哲对视了一下,欣然接受了老张的邀请。

首先,老张邀请甄柔嘉和齐维哲分别从以下几个方面描绘各自的生活愿景:

- 你希望自己拥有怎样的生活状态?
- 你关于居住方面有什么愿景?
- 你关于食物方面有什么愿景?
- 你关于金钱方面有什么愿景?
- 你关于休闲方面有什么愿景?
- 你关于工作方面有什么愿景?
- 你关于家务方面有什么愿景?
- 你关于家人方面有什么愿景?
- 你关于其他方面有什么愿景?

很快,甄柔嘉和齐维哲写完了各自的生活愿景(见表11–1)。

第二部分
走出关系困境,让爱在彼此的救赎中浴火重生

表 11-1　　　　　　　　　各自的生活愿景

生活愿景	甄柔嘉	齐维哲
你希望自己拥有怎样的生活状态	安全、生活富足、身体健康,有人爱我、尊重我,能得到足够重视,有朋友	衣食无忧,有自己的事业和兴趣爱好,有一群朋友,无论在哪里都能得到尊敬,可以让我的家人因为我过上好的生活,家人关心我、支持我
你关于居住方面有什么愿景	希望拥有自己的房子	有多大条件办多大事,没有必要一步到位,可以先租房,以后条件好一点再买房,这样也可以不用有那么大压力
你关于食物方面有什么愿景	健康的食物,安全的食物	吃着舒服的食物
你关于金钱方面有什么愿景	有一些储备金,可以应对一些突发事件;有一些积蓄,可以过上好一点的生活	不要太在意钱,只要努力该有的就会有的;希望由自己管理家庭财产
你关于休闲方面有什么愿景	空闲的时候可以陪我看电影、逛街,等等	每年能一起旅行 1~2 次,我可以有和朋友一起喝酒的机会
你关于工作方面有什么愿景	稳定的工作时间和收入,不用加太多班,可以照顾家庭	年轻的时候能多花一些时间在事业上
你关于家务方面有什么愿景	共同分担	男主外女主内
你关于家人方面有什么愿景	现在还不太想要孩子,但是如果非要那么可以生一个	比较喜欢孩子,想要有两个孩子,希望可以让自己有家的感觉
你关于其他方面有什么愿景	比较在意彼此的精神契合,希望能够时常有深度交流	不太喜欢被约束,也愿意尊重对方的空间,希望双方都能尊重对方的边界

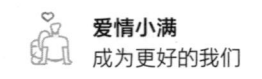

老张说道："二位请在内心确认，你是否真的愿意与对方共享自己的生活愿景？"

甄柔嘉和齐维哲内心都认可这一点。

老张继续追问："请仍然在心里作答，你愿意在多大程度上与对方共享自己的生活愿景？是全部共享还是部分共享？"

齐维哲想了想，认为自己在休闲方面部分可以与甄柔嘉共享，并希望仍然拥有一些自己独立的与朋友聚会的时间。

经过上面的步骤，甄柔嘉和齐维哲都描绘出了各自的生活愿景，找到了很多重合之处，以及存在的分歧。老张观察到甄柔嘉嘴上不说，但脸上已经写满了不高兴。于是安慰道："想要从你是你、我是我的阶段发展到'我们'的阶段，不仅要与对方符合我们期待的部分相处，更要学会与不符合我们期待的部分相处。萨提亚会说，'**人们因相同而联结，因相异而成长**'。"

甄柔嘉听了老张的话后并没有回应，但是看得出她听进去了。

老张问甄柔嘉："来，说说看，在这些生活愿景中，哪些是与你不同而且你也无法接受它作为你们共同愿景的？"

甄柔嘉看了看齐维哲，像是在心中先做了一番准备，然后才开口说："在居住方面、金钱方面，还有家人方面。"

齐维哲刚想说点什么，老张对齐维哲说："等一下，先听甄柔嘉说完，再由你来说明你的理由。"

齐维哲点点头，老张看着甄柔嘉，继续问："那你可不可以告诉齐维哲你无法接受的理由？"

第二部分
走出关系困境，让爱在彼此的救赎中浴火重生

甄柔嘉说："先说金钱方面吧，其实这么多年我俩在经济上都是AA制。可是，我并不喜欢这样，显得很生分，不像一家人。可我们为什么会这样呢？并不是因为我俩戒备对方，而是我俩的理财观念不一致。齐维哲在钱上不计较，但他花钱大手大脚，而且不是特别有规划，看人家炒股他也想炒，结果赔了不少。还有，每当朋友找他借钱时他都抹不开面子，借完还要不回来……其实这么多年他挣得不少，但基本上没什么存款。我说我管吧，他又觉得我是要管着他、限制他，我只不过是想为我们这个家攒点钱。他总说钱不是攒出来的而是挣出来的，可咱们老百姓过日子要是平时不攒一些钱，应急的时候可怎么办？"

老张继续问甄柔嘉："所以你的想法是什么？"

甄柔嘉回答："他可以留够他日常需要花的钱。如果他想投资我并不反对，我们可以每个月留出一小部分的钱作为家庭固定投资。不过，我还是希望他能有意识地存一些钱作为家庭应急备用金，以及用于改善我们的生活。"

"如果能存下来一些钱，能为你带来什么？"老张问。

甄柔嘉想了想说："嗯……安全？是的，安全，至少我们能有一些备用金以备不时之需。"

听了甄柔嘉的话，齐维哲欲言又止，老张留意到齐维哲的状态，说道："齐维哲，你愿意说出你的理由吗？说出来或许能解决。"

齐维哲的脸微微有些红，低声说："我之所以一直想管钱，是因为在我的原生家庭里也是由我父亲管钱的，而且我爷爷也是这样。我觉得，一个男人在家的地位是和掌管财政大权连在一起的。"

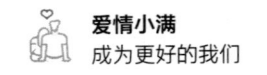

老张听后说:"难怪啊!原来你是把自尊和财政大权关联在一起了。现在你还要坚持这个理由吗?"

齐维哲有点困惑地看着老张:"我也觉得嘉嘉说得有些道理,可是我就是想有点话语权。"

老张向齐维哲核对:"你期望甄柔嘉能尊重你的意见?"

齐维哲点点头。

老张继续问:"那她在生活中是不是会忽略你的意见?"

齐维哲回答:"那也不是,嘉嘉也问我有什么意见的。"

老张又问:"你能想到什么具体的例子吗?大事、小事都算上。"

齐维哲有点不好意思地说:"就拿嘉嘉说的投资和借钱的事来说吧,其实我都跟她说了,她提醒过我,但我没听,后来钱回不来了,我还挺紧张的,心想她还不得使劲唠叨我。不过,嘉嘉什么都没说,只是说下次用钱的时候要谨慎一些,就当长个教训。"

老张说:"你觉得在这两件事上甄柔嘉是尊重你的吗?"

齐维哲挺了挺身子,回答道:"肯定是啊!"

"还有什么和钱有关的、让你感觉到你在家庭中的地位的事吗?"

齐维哲想了想,说道:"我给我父母买东西、给家里钱,嘉嘉从来没说过不愿意。而且有一次,我父亲被人骗了不少钱,他都急病了。为了让他别着急、身体赶快好起来,我们就骗他说钱找回来了——其实是我和嘉嘉垫的钱,而且我俩的钱不够,嘉嘉还从我岳母那里拿了点。"

第二部分
走出关系困境，让爱在彼此的救赎中浴火重生

甄柔嘉故作生气地说了一句："哼，算你有良心。"

齐维哲立刻陪笑着说："这不是我哥们儿他们喝酒时总笑话我怕媳妇嘛！还说我没地位，我就跟他们说我家钱都是我管着，他们在家可没有这待遇。"

老张和甄柔嘉都被齐维哲故意夸张的声调逗笑了，老张问："现在你关于金钱方面的愿景会有改变吗？"

齐维哲想了想说："我同意嘉嘉的意见，我想以后每个月把我的收入分成四份，给嘉嘉两份，其中一份由嘉嘉存起来，作为家庭存款；另一份当作给嘉嘉的零花钱，她比我节省，就算花钱也基本上都是贴补家用，自己不怎么花，我希望嘉嘉以后多用在自己身上一些，别亏待了自己。另外两份，一份我留着家庭固定投资，另一份许我留个小金库，行吗？"

甄柔嘉装作不屑地瞟了齐维哲一眼，但眼角已经感动得湿润了。

老张看到这一幕也被感动了，频频点头。稍等了片刻，才又开口道："刚刚我们从你们两人的生活愿景上面的分歧入手，找到了各自的核心愿望。齐维哲你来说说，你们俩的核心愿望是什么？"

齐维哲说："我想要有话语权，想要被尊重；嘉嘉想要安全。"

老张点点头："是的。因为时间关系，我们今天只是通过共绘生活愿景整合了一个核心愿望，另外两个方面的生活愿景分歧就留着你们回家去整合吧。"

齐维哲问："那能不能有条理地整理一下步骤，方便我们照着做？"

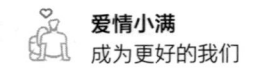

老张回答:"哈哈,当然,已经给你们整理好啦!"

第1步:双方分别从以下几个方面描绘各自的生活愿景。

- 你希望自己拥有怎样的生活状态?
- 你关于居住方面有什么愿景?
- 你关于食物方面有什么愿景?
- 你关于金钱方面有什么愿景?
- 你关于休闲方面有什么愿景?
- 你关于工作方面有什么愿景?
- 你关于家务方面有什么愿景?
- 你关于家人方面有什么愿景?
- 你关于其他方面有什么愿景?

第2步:确认自己的内心意愿,是否愿意与对方共享。

- 是否真的愿意与对方共享自己的生活愿景?
- 愿意在多大程度上与对方共享自己的生活愿景?是全部共享还是部分共享?

第3步:探索彼此的生活愿景,并基于这些探讨共同绘制共同生活愿景。

- 在对方的生活愿景中,哪些是与你相同并且可以作为你们共同愿景的?
- 在对方的生活愿景中,哪些是与你不同但你愿意接受它作为你们共同愿景的?
- 在对方的生活愿景中,哪些是与你不同但你无法接受它作为你们共同愿景的？
- 如果你无法接受对方的某一愿景作为你们共同愿景，那么你是否愿意去了解对方持有这一愿景的理由？同时，告诉对方你无法接受的理由。
- 你和对方所坚持的生活愿景，分别可以为你们各自带来什么？
- 在了解了彼此的理由后，你对这一愿景的态度是否发生了改变？
- 在了解了彼此的理由后，如果你仍然无法接受它作为你们共同的愿景，那么你是否可以尊重对方保留这一愿景作为个人的愿景存在？

对于个人愿景中彼此相同的部分，可以直接纳入共同的愿景；对于个人愿景中彼此存在差异的部分，可以通过沟通试着找到可以纳入共同愿景的部分；对于难以纳入共同愿景的部分，先各自保留、尊重彼此，在未来的生活中再尝试逐渐发展出更多共同的愿景。

甄柔嘉听后说道："这样就清晰多了。"

老张继续说："是啊，只要不断地练习以上步骤，就能发挥它们的价值。在下次见面之前，请按照下面的指导练习，并尽量凭借直觉来回答各个问题。"

1. 描绘你的生活愿景，它是什么样的？描绘的生活愿景之后，你有什么发现和启发？

_____

_____

_____

2. 问问你的内心，你是否愿意和对方共享生活愿景？如果愿意，是因为什么？如果不愿意，又是因为什么？这些回答意味着什么？你有什么新的发现？

_____

_____

_____

3. 基于你们各自的生活愿景，你们绘制了哪些共同的生活愿景？你希望绘制的共同愿景是什么样的？你们现在绘制的生活愿景和你希望的存在着哪些差距？做哪些自我/共同的调整有助于实现你们希望的共同愿景？对此你有什么思考和启发？

_____

_____

_____

4. 这次的内容给你带来了什么启发？

_____

_____

_____

离开时，甄柔嘉微笑的脸上绽放着发自内心的幸福。

老张也是微笑着目送两人离开，心里感受到了一份源于职业的满足与自豪。

第 12 章

唯有爱，才能融化彼此内心的坚冰

真正的交融：彼此冰山系统的全面融合

从求同存异的角度来看，冰山融合这件事是需要在生活中持续做的，慢慢就能让"同"变多、"异"变少，也能让求同存异变得从艰难、忍耐走向容易、舒适，甚至最终可以让同和异的比例变成彼此都舒适、愉悦甚至享受的状态。

又到了星期五，甄柔嘉和齐维哲都觉得这个星期过得格外漫长。

"真有趣。"甄柔嘉自言自语道。

齐维哲愣了一下，问："什么？你在说什么？"

甄柔嘉看着疑惑的齐维哲，反而开心地笑着说："我说'真有趣'。"

"什么真有趣？你都把我弄糊涂了。"齐维哲满脸疑惑。

甄柔嘉从大笑变成了微笑,转头看向齐维哲说道:"上个星期从老张那儿回来,我觉得看你顺眼多了。你还是你,可怎么就看着更顺眼了呢?是不是很有趣?"

"坦诚地说,"齐维哲下意识地吞咽了一下,然后说,"我也有这样的感觉。虽然我们在这个星期还有一些分歧,但好像的确不像之前那样感觉特别烦心了。"

甄柔嘉提了一下嘴角,然后又忍俊不禁地笑起来,说道:"这有什么呀,你就放心大胆地说嘛。不过,咱们现在得赶紧去找老张了,别迟到了。"

说着,两人收拾一下便往外走,很快就到了老张的工作室。

能听出来,这次的敲门声尤为欢悦,好像反映了他们的心境。

老张开了门,一边往回走,一边说:"二位今天心情不错吧?"

"是啊。"甄柔嘉和齐维哲一边笑着回应,一边坐下。

"你是听敲门声感觉到的吧?老张可真厉害呀!"甄柔嘉笑着说,举起了大拇指,三人都笑了起来。

待气氛平静下来,齐维哲急切地问:"有个疑问在我心里憋了一个星期了——上个星期练习做完后,冰山到底有没有融合?"

老张看着齐维哲,点点头说道:"这真是一个好问题啊,我感觉你已经学会用咱们的所学来思考问题了。不过,我想先听听你的看法,你的感受是什么?"

"好像融合了,"齐维哲疑惑地说,"又好像没有融合……"

第二部分
走出关系困境，让爱在彼此的救赎中浴火重生

甄柔嘉听后脱口而出："这是什么答案嘛，你……"

老张对着甄柔嘉做了一个摊开手掌朝向齐维哲的动作，甄柔嘉理解了老张的意思，等着齐维哲继续说下去。

"更准确地说，好像是我想要去融合冰山了，但还没有实际融合。"齐维哲顿了顿，感受了一下自己的内心，继续说，"嗯，我感觉想要去融合了，估计是上次那个练习的效果吧；我之所以认为还没有实际融合，是因为我仍能感觉到我们在这个星期还有各种分歧。如果冰山融合了，是不是就意味着没有分歧了呢？"

甄柔嘉赞许地看着齐维哲，说道："可以啊，齐维哲，很有见地嘛。我对这个问题也很好奇，老张你快给我们讲讲。"

老张看着甄柔嘉和齐维哲急切的眼神说道："先喝两口茶，这个事得说一会儿。"

老张一边说，一边把泡好的大红袍倒在了各自的杯里。甄柔嘉和齐维哲倒也习惯了老张的风格，都拿起自己的茶杯，吹了吹，然后啜吸了几口，放下茶杯。

看到甄柔嘉和齐维哲平缓下来，老张继续说道："齐维哲说的最妙的地方就在于那个'好像融合了，又好像没有融合'。我们往往会觉得，愿景一致不就是共同体了吗？这不就是融合了吗？"

甄柔嘉看着老张，喃喃地说："啊？难道不是吗？"

老张继续说："还真不是。比如两个朋友一起去登山，一个人想登华山，一个人想登泰山，这是愿景分歧，就是咱们上一次聊的那些。如果两个人对于目的地没有达成共识，那肯定就没法一路同行

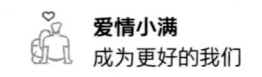

了呀!因此,要先统一目的地,两个人才能结伴而行,对吧?"

齐维哲点点头:"嗯嗯,对。"

老张看到齐维哲的回应,继续说道:"假如这两个人达成共识了,都想去华山,那么在出发时都会很愉快,会产生伙伴的感觉。不过,在登山的过程中,两个人还是有可能会因为各种各样的事产生分歧,甚至因为这些分歧破坏关系、分道扬镳。"

齐维哲若有所思。老张看到齐维哲的状态之后,也选择暂停。

齐维哲思考了一会儿,说道:"也就是说,**愿景整合是启动冰山融合的前期工作,是为了让双方有一个共同的目的地,这样两个人才愿意一路同行**。如果没有一路同行作为基础,那么谈及两个人对于过程中的分歧进行磨合就完全没有意义了,也实现不了。心不想往一处走,力就不可能往一处使。一旦有了共同的愿景就不一样了,两个人会想往一处走,但这还可能会因为出现分歧而走不好、走得不开心。此时,**要想让关系变得更好,最重要就是要更好地处理过程中的分歧,减少分歧对关系的破坏**。老张,我这么理解对吗?"

老张用力地点了点头,说道:"非常准确啊,就是这样。悟性不错嘛,齐维哲。"

甄柔嘉非常开心地说道:"齐维哲,你可以呀,真没想到你悟性这么好,让我对你刮目相看了呢。"

齐维哲看着甄柔嘉,有点不好意思地说:"其实也不是我悟性好,而是自上次见面后我就一直在琢磨这个问题。我能感受到老张说的那些,但是我说不出来。这次听老张这么一说我就一下子通透了,我太佩服老张的表达能力了。"

第二部分
走出关系困境,让爱在彼此的救赎中浴火重生

甄柔嘉继续说:"哈哈,你俩真是够了,商业互捧环节到此为止吧,让老张继续说完。"

看着甄柔嘉和齐维哲的样子,老张有点忍俊不禁,这两人好的时候真像一对活宝,总能把气氛搞得非常到位。他继续说:"怎么能更好地处理分歧呢?要先了解分歧是如何产生的。还记得咱们之前聊过的冰山冲撞模型吗?从这个角度来看,分歧从本质上说,就是两个人冰山各个层次的冲撞在日常生活中的体现。咱们还是以刚刚说的那两个登山的人为例,来讲解两个人冰山模型中的自我的差异将如何带来分歧。两个人虽然对于登华山达成共识了,但是他们存在自我的差异,一个人的理想自我是想成为'登山高手',另一个人的理想自我则是想成为'悠哉闲人'。这样他们在登山的过程中,就会出现这样的情况——一个人想'速登',因为他想通过登华山来提升自己登山的能力;另一个人则想'慢登',因为他想好好欣赏华山的优美风景。如果这两个人不仅仅是一起登山的朋友,还是亲密关系的伴侣,那么他们在每一个涉及'生活是该自我磨炼提升还是该享受悠闲生活'的事件中,都会存在'速登'和'慢登'的交锋和分歧。这就是自我差异如何导致具有特定模式的生活分歧的过程,更重要的是,冰山并不仅仅只有自我层,还有那么多层呢,每个层的冲撞都会引起这样的具有特定模式的生活分歧……"

甄柔嘉突然说道:"哎呀,老张你等等,这部分内容有点多、有点复杂。你慢慢讲,我们快跟不上了,容我们记记笔记,再好好消化消化。"

老张双手合十,笑着做了个抱歉的表情。

甄柔嘉问道:"这是不是说,如果将我和齐维哲的内心按照冰山模型的方式来对比,就可以找到很多差异了,而且就是这些差异导致了我们日常的各种矛盾的?之前讲的冰山冲撞模型只是为了帮助我们找到这些差异,现在我们还需要知道如何处理这些差异,对吗?"

老张说道:"哈哈,对,我这一讲高兴了就难免会说得有些太专业了,你的解释通俗易懂,特别好。"

甄柔嘉点点头,问道:"那我理解了。可是,该如何处理这些差异呢?嗯,在回答这个问题之前,你能不能先告诉我,两个人的差异最终会处理到什么程度呢?还有刚刚齐维哲也提到,在冰山融合之后,是不是就没有分歧了呢?"

老张非常赞赏地看着甄柔嘉,说道:"你提问的逻辑是,先了解要去哪儿,再了解怎么去,这个问法很好。那么,冰山融合到底能不能实现彻底消除分歧呢……"老张拉了个长音,又看了看满眼好奇和期待答案的甄柔嘉和齐维哲,慢悠悠地说道,"当然不能。"

甄柔嘉和齐维哲听得目瞪口呆,异口同声地说:"啊?"

看着他俩惊讶的表情,老张缓缓地说道:"别急,我来解释一下。其实,冰山融合从本质上说很像一种健身活动。我们健身,是为了让身体更健康,但是总健身的人就能解决全部的身体问题吗?就能从此不生病、身体也没有任何问题吗?"

甄柔嘉顿悟,说道:"我理解了,尽管健身无法确保我们无病无灾,但健身还是会给我们的身体带来好处的,有利于我们的身体健康。但至于健康到什么程度,这是无法衡量也无法保证的——但

第二部分
走出关系困境，让爱在彼此的救赎中浴火重生

总之是让我们的身体变得更好了。你是不是想说，冰山融合也是这样的？也就是说，我们可以通过这个行动改善亲密关系，只要这样去做就会带来好处，减少双方的分歧，但减少并不意味着没有分歧，生活中依旧少不了磕磕绊绊，对吗？"

老张点点头，说道："没错，确实如此。有关分歧的态度应该是，如果分歧能处理那么自然更好；如果不能处理，那么双方仍要尊重和理解对方，也就是求同存异。从这个角度来看，冰山融合这件事是需要在生活中持续做的，慢慢就能让'同'变多、'异'变少，也能让求同存异变得从艰难、忍耐走向容易、舒适，甚至最终可以让同和异的比例变成彼此都舒适、愉悦甚至享受的状态。"

齐维哲听得豁然开朗，说道："我之前还想呢，没有分歧是很美好，可是那真的能实现吗？现在来看，我有点明白你之前说的亲密关系'最理想的状态是你中有我、我中有你，但同时双方又保持着自己的独特'这句话了。**'你中有我、我中有你'**的部分就是经过冰山融合后的'同'的部分；**'保持着自己的独特'**就是没有融合的'异'的部分。'同'的部分就是'更好的我们'，'异'的部分就是'活出自己的美好人生'。"

老张对着齐维哲竖起了大拇指，有点激动地说道："我们共同的努力很值得啊！听了你的这些话，能看出你确实学到精髓了。不过我还是得提醒一下，学到精髓了并不等于拥有了实现它们的能力，具体的操作还是更为关键的……"

突然，老张发现甄柔嘉在一旁默默流泪，便停了下来。齐维哲也没说什么，任由甄柔嘉释放内心的感受。

过了一会儿，甄柔嘉恢复了平静，然后说道："不好意思啊，我就是看齐维哲有这么大的变化，感觉很激动。刚才齐维哲说的那些话，让我从前在关系中的沮丧感少了很多，感觉好像有点要回到谈恋爱时的状态了，又让我心中充满希望了。虽然我并不知道未来会不会更好，但我感觉至少我们可以共同努力，一起去成为更好的我们。"

老张理解地说道："嗯，没什么不好意思的，感情流淌是好事，要是总不哭，泪腺还容易堵呢。"

听到老张的话，甄柔嘉"噗嗤"一声笑了出来，说道："老张啊，没想到你还有这么有趣的一面啊。好了好了，我好多了。老张你继续说操作，我也想知道具体该怎么操作。"

老张继续说："冰山融合这个活动有两种做法，一种是在发生冲突的时候做，另一种是用一个过去的冲突来做。也就是说，不论怎么做，都得用有分歧的事件作为探索的入口，既可以是当下的，也可以是过去的。可以说，分歧事件就是冰山冲撞的信号，有分歧的地方就有冲撞发生。在具体操作的时候，需要先拿出冰山冲撞记录表，因为这个练习是以这张记录表作为基础的。在咱们第八次见面时，我让你们在平时用冰山模型记录表记录生活中的冲突，估计你们现在有不少存货了吧。随便拿一个，作为这次的练习使用就行。"

甄柔嘉和齐维哲迅速从包中翻出一叠冰山冲撞记录表，两人商量几句后，甄柔嘉从中抽出一张（见表 12-1）递给老张，说道："你看这张要是行，就用这个吧。"

表 12-1　　　　　甄柔嘉和齐维哲的冰山冲撞记录表

冰山冲撞	甄柔嘉	齐维哲
冲突事实	齐维哲一直建议甄柔嘉和自己一起晨跑。虽然他建议了很多次，但每次都被甄柔嘉岔开话题。有一天，齐维哲实在忍不住了，和甄柔嘉大吵了一架，甄柔嘉非常伤心，回娘家住了两天，齐维哲也很苦恼	
彼此知觉	认为齐维哲在强迫自己接受他的建议	认为自己给甄柔嘉一个好的建议，但是甄柔嘉很固执不接受
各自行动	最初都尽量岔开话题，但总有岔不开的时候，便逃到了娘家	唠叨性地持续给予建议，后来干脆直接指责甄柔嘉
沟通分歧	打岔、比较回避的沟通方式	指责、比较直接的沟通方式
情绪冲撞	感觉非常委屈，并因为这种委屈产生了许多心烦意乱	感觉非常愤怒，并因为这种愤怒心绪久久无法平静
观点冲突	认为人应该尊重彼此，不应随意干涉对方	认为人应该不断地进步，应该采纳别人提出的能使自己进步的建议
渴望与期望差异	渴望生活可以舒适，不要有太多压力，期望空闲的时候可以多休息	渴望生活可以充满成就感，要不断地努力，期望可以取得更好的成绩
双方自我的异同	理想自我是轻松愉悦的人	理想自我是成就斐然的人

老张仔细地看过后，说道："很好，就用这张。冰山融合实质上就是基于这些冲撞的差异，找到求同存异的解决方案。关于解决方案的构建，有几种可能。最好的一种，是双方因为看到了差异产生了深度的彼此理解，从而愿意让这个部分的冰山彻底融合。比如，你们关于自我的部分，假如各自都愿意放弃一部分自己原有的，共同变为'轻松且有成就'，然后再共同基于这样的自我，共同寻求实现这样自我的办法，这就是最佳方案，我们可以说这个过程是'各

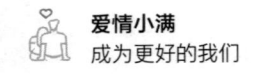

退一步、共进一步'。"

甄柔嘉问:"可是,我感觉不是所有的分歧都能够实现这个最佳方案吧?"

老张回应道:"确实,如果无法实现最佳方案,就可以退而求其次,这种次佳的解决方案是'冰山微调、行为折中'。比如,对于你们的观点冲突,假如你们都坚持各自的观点,无法做到各退一大步,那就不妨各退一小步,这一小步就是'接纳对方'。比如,关于你们在表格中记录的这件事,甄柔嘉依然坚持人与人之间应该彼此尊重,齐维哲则依旧喜欢给别人提建议以让人进步,并坚持人应该采纳别人提出的有利于自己成长的建议,但是他最终接纳了甄柔嘉不喜欢被随意给建议这件事。接着,双方可以在行为上达成一个折中方案,就是除了甄柔嘉主动让齐维哲给自己建议外,齐维哲可以在限定条件下主动向甄柔嘉提建议。这个限定的条件包括两点,一是事情确实重要,二是甄柔嘉状态还不错。如果确实符合这个条件,甄柔嘉就需要积极倾听齐维哲提出的建议,而不是逃避。"

齐维哲点点头说道:"这个办法听起来不错,这样一来,虽然冰山没有彻底融合,但也是有进步的,至少冲突改善了,彼此的冰山也算在一定程度上有了一些融合。是不是还有第三种可能——双方无论如何都无法融合?"

老张赞叹地说道:"是这样的。虽然我们有很多改善工具,但也不是能立刻解决所有问题的。请注意,'立刻解决'这个词很重要,这意味着问题并不是无法解决,而是不能立刻解决。也许在某个点,暂时找不到冰山融合的可能,但也不是没有解决问题的办法。还有

第二部分
走出关系困境,让爱在彼此的救赎中浴火重生

一个解决办法叫最次方案,就是'冰山不变、彼此尊重'。所谓'彼此尊重',就是尊重对方是自己生活的主人,我们都可以保有一些虽然彼此无法彻底接纳,但是尊重对方按照自己意愿的部分。"

甄柔嘉问道:"尊重是不是更容易一些?听起来好像不难。"

老张回应道:"还真不是。尊重的一个重要部分是划定尊重的范围限定,这个范围不能太大,否则就会让两个人变成'搭伙过日子'的两口子,更像是亲人而不是爱人;这个范围也不能太小,否则无法做到有效尊重。最好是把尊重的情况列清楚,彼此越明确需要尊重的具体情况,尊重的效果就越好。"

甄柔嘉豁然开朗,说道:"哦,我明白了,还是按照步骤再给我们详细讲讲吧!"

老张回道:"好的。冰山融合就是一套帮助人们找到改善亲密关系中各种分歧的解决方案的办法,从而逐渐减少分歧对关系的影响,以下是具体的操作步骤。"

第 1 步:在冲突中探索冰山冲撞。

使用过去或刚刚发生的冲突事件作为入口,利用表 8-3 中记录冰山冲撞的情况。

第 2 步:填写冰山融合探索表,探索各种可能的解决方案。

基于第 1 步的陈述,填写冰山融合探索表(见表 12-2),在最佳方案栏、次佳方案栏、最次方案栏下列出相应的方案。当然,在当前状况下,这个调整未必是立刻就可以做到的,那么可以在后面"如何才能做到"一列按照这样的格式写下来:"如果……(发生了什么),就可以做到了(这种调整)。"这样有助于亲密关系的双方不

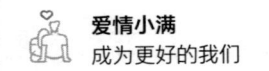

仅能找到现阶段的改善方案,还清晰了要想让亲密关系变得更好,自己的成长方向是什么。

完成以上事项后,可以把现阶段达成的解决方案记录在"达成方案"栏,这栏是当下改善亲密关系所需的。

如果伴侣无法配合你一起完成表格,那么你可以自己完成。此外,如果不借助这样的表格,而是与伴侣基于表格的内容进行沟通,共同去试着探索解决方案,也能实现同样的效果。

表 12-2　　　　　　　　冰山融合探索表

	需要彼此有什么调整	如何才能做到
最佳方案 各退一步、共进一步		
次佳方案 冰山微调、行为折中		
最次方案 冰山不变、彼此尊重		
达成方案 暂时选择哪种方案		

第 3 步:更深入地改善自己的冰山及无意识心理。

如果你想让亲密关系变得更好,那么仅仅是做以上的练习还是不足够的,还需要更全面的知识和更深入的练习活动,从而全面提升自己的无意识心理系统。不妨看看《美好生活方法论:改善亲密、家庭和人际关系的 21 堂萨提亚课》这本书,书中提供了全面的个人成长的的萨提亚知识、操作方法和练习活动。

第二部分
走出关系困境,让爱在彼此的救赎中浴火重生

老张继续说:"对于以上的步骤,只要多加练习,在生活中有意识地使用,就有助于冰山融合。在下次见面之前,请按照下面的指导练习,并尽量凭借直觉来回答各个问题。"

1. 以冰山融合的视角再次填写冰山冲撞记录表(见表 8-3),这让你对冰山融合有了什么样的认识?

_____

_____

_____

2. 关于"各退一步、共进一步"的最佳方案原则,你有什么启发?对于你的亲密关系,你找到了什么样的解决方案?需要彼此有哪些调整,又需要做些什么才能够做到这些调整?

_____

_____

_____

3. 关于"冰山微调、行为折中"的次佳方案原则,你有什么启发?对于你的亲密关系,你找到了什么样的解决方案?需要彼此有哪些调整,又需要做些什么才能够做到这些调整?

_____

_____

_____

爱情小满
成为更好的我们

4. 关于"冰山不变、彼此尊重"的最次方案原则,你有什么启发?对于你的亲密关系,你找到了什么样的解决方案?需要彼此有哪些调整,又需要做些什么才能够做到这些调整?

_____

_____

5. 你们暂时达成了哪种解决方案?这种解决方案对你的亲密关系能起到什么样的作用?

_____

_____

6. 个人进行的更深入地冰山改善活动,对于亲密关系中的冰山融合有什么帮助?对此,你有什么思考?

_____

_____

_____

7. 这次的内容给你带来了什么启发?

_____

_____

_____

齐维哲说道:"这样来看,冰山融合也不是一件非常困难的事嘛,我现在特别想回家做这个练习。"

甄柔嘉也跟着说道:"我也是!"

老张回应道:"好啊,那我就不耽误你们回去做练习了,赶快回去吧,下个星期见。"

甄柔嘉和齐维哲愉悦、兴奋地走出了老张的工作室。

第 13 章

换种方式沟通，也许我们就能好好相处了

超越的沟通：拥有突破过往模式的沟通

启动沟通姿态的过程，就像是雷区被踩后的爆发。

时隔一个星期，甄柔嘉和齐维哲刚走进工作室，老张就寒暄道："虽然你们上个星期没来，但看到你们俩的状态看起来很不错嘛！这次旅行一定很愉快吧！"

甄柔嘉的笑容里带着几分娇羞，声音都跟着温柔了不少："之前他出差从来没说过要带我去，这次估计是受到共绘生活愿景的提醒才把我给绘进去了吧。"

齐维哲也笑着说："这取决于出差任务的安排，这次恰巧工作结束后是周末，我才能有时间陪你到处转转嘛。"

甄柔嘉肯定地说："不管怎么说，你确实是进步了！其实我们都与之前相比改变了不少。你越来越能考虑到我了，我也能更多地

接收到你的心思了！这次旅行从始至终都很愉快。哎呀，老张你可不知道，我们以前可不是这样子的，每次都得生点气，甚至还会吵起来。"

齐维哲说："《围城》这本书中说，'旅行是最劳顿、最麻烦、叫人本相毕现的时候。经过长期苦旅而彼此不讨厌的人，才可以结交做朋友。……结婚以后的蜜月旅行是次序颠倒的，应该先同旅行一个月，一个月舟车仆仆以后，双方还没有彼此看破，彼此厌恶，还没有吵嘴翻脸，还要维持原来的婚约，这种夫妇保证不会离婚。'看来，咱俩的关系算是经过检验了。"说完，三个人都笑了起来。

老张好奇地问："你们现在会因为什么吵架呢？"

齐维哲看看甄柔嘉，问："最近吵了吗？你有印象吗？"

甄柔嘉立即说："有啊！就前天晚上嘛，你躺在沙发上和我聊我老板。我刚说我老板做了一件特别有情怀的事，你就开始给我讲道理，说他做这件事一定是有利益的。我就说你不了解他，他也是有经历的人，在这件事上，情怀是大于利益的。你滔滔不绝地分析了半天，我都懒得理你了，就抱着电脑去另一个屋了。结果你说，好吧，你压力大情绪不好，不愿意聊天就不聊吧。我听后都无语了，在心里跟你翻了一百个白眼。"

老张笑着说："哈哈，你们这个小片段在生活中其实还挺常见的，在亲密关系里也挺典型的——我跟你说情，你给我讲理；我不想听你讲理，你又开始说我在闹情绪。"

甄柔嘉仿佛找到了盟友，忍不住说："对对对！就是这个感觉！"

老张说："这就是我们常说的'俩人不在同一个频道上'，所以总感觉像是鸡同鸭讲。我们今天就来解决一下这个问题。萨提亚模式最广为人知的理论除了冰山模型就是不良沟通姿态了。这个理论我们在第四次学习讨论时讲过，它是用来描述人们无意识状态下所采用的沟通模式的。"

齐维哲想了想说："我有印象，一共有四种不良沟通姿态，但是当时没具体讲。"

老张点点头，继续说："是的，一共有四种不良沟通姿态。今天我们将深入讲解这四种不良沟通姿态，把这个弄明白了，就不会陷入鸡同鸭讲的沟通中了，还可以把我们之前讲的所有方法都用起来。否则你们想想，无论你是想解决观点分歧还是情绪冲撞，在所有需要通过语言沟通的时候，你们都不是在一个频道，这只能让冲突更激化啊！"

甄柔嘉和齐维哲听得心服首肯。然后，齐维哲认真地说："仔细想想还真是这么回事，有时我们在家做练习时，说着说着就因为说话方式不愉快而无法进行下去了。"

老张回应道："所以，今天咱们就来解决这个问题，给双方的沟通调调频。咱们还是用例子来介绍，这样便于理解。咱们先来说第一种，**讨好的沟通姿态**。有一年的春晚，郭冬临表演了一个小品叫《有事您说话》，你们还记得吧？在这个小品里，郭冬临扮演的人物郭子就是非常典型的讨好，因为他没什么本事，又想被人高看几分，对谁家的事都主动帮忙，还不会拒绝。人家让他帮忙买火车票他立马答应，随后便冒着寒风连夜排队，最后还自掏腰包买了高价票,可谓'人前风光、人后悲凉'。在小品的结尾,他还不忘说'有事您说话'。在这个小品中,郭子的同事重要、人家的事也重要,唯独自己不重要。他把自己放在了一个非常卑微的境地,对他人和情境却予以过分的尊重,这就是非常典型的讨好姿态。讨好常常以顾及别人的面目出现,因此在大部分的文化和家庭中可以得到高度的接纳。"

甄柔嘉疑惑地问道:"好奇怪啊,既然这种沟通姿态被高度接纳,那么为什么还说这是一种不良的沟通姿态呢?"

老张慢条斯理地说:"在这个小品中,郭子付出了很多,希望获得的是同事的高看,小品里也表达了这一点。然而,对于他的付出,得到的回报却是一把宾馆免费的牙刷,这显然和他的付出差之千里,一定不是他真正期待的回报。因此,我们之所以我们说讨好的沟通姿态是一种不良的模式,是因为它以牺牲自我为代价,否定了自己的自尊,讨好所传递的信息是'我是不重要的'。"

齐维哲说:"忽略了自己……这种沟通姿态太憋屈了。"

老张说:"听起来的确很憋屈,但我们的生活中是不是不乏这样的'老好人'?而且,在我们面对权威人物时,有时也会无意识地呈现出这种沟通姿态。"

甄柔嘉在记忆中搜索了一下身边的朋友,然后说道:"还真是!有不少人是欺软怕硬。"

老张接着甄柔嘉的话题说:"你还真说对了。有软的就有硬的。接下类,咱们再来说说**指责的沟通姿态**。指责是一种与讨好截然相反的姿态,常常表现为挑剔、苛责、专制,或暴虐、大叫大嚷,让人感觉充满敌意，还倾向于拒绝别人的请求，或对别人的提议表示反对。在前几年热播的电视剧《都挺好》中，虽然苏母的戏份不多，但给人留下了足够深刻的印象，尤其是她对女儿苏明玉极为严厉，就属于一种典型的指责的沟通姿态。还有二儿子苏明成，在对待妹妹苏明玉的时候也是指责的沟通姿态。这里插一句，每个人不是只会存在一种沟通姿态，在很多情况下是混杂的。让我们仍以苏母为例，她对女儿苏明玉严厉，但对两个儿子则极为袒护，甚至对大儿子苏明哲还带有一定的讨好成分。人们在使用指责的姿态时，会非常维护自己的权利，为了保护自己，他们可以不断指责和要求他人或环境。指责所传递的信息是'他人是可以忽略的，只有我和情境才是需要考虑的'。"

齐维哲看着甄柔嘉说："嘉嘉，你就总是用指责的沟通姿态跟我说话。"

甄柔嘉瞪了齐维哲一眼，不甘示弱地说："他现在就在指责我，对吧，老张？"

老张笑笑说："我们了解不良的沟通姿态的目的不是给身边的人贴标签，而是要把这种了解看作拉近彼此距离、促成沟通目标达成的一个方向。咱们接着介绍**超理智的沟通姿态**。要了解这种姿态，我非常建议你们去看一看美剧《生活大爆炸》(*The Big Bang Theory*)。剧中的主角谢尔顿就是一个非常典型的善用超理智的沟通姿态的人。在有一集中，彭妮在面试中受挫，回来时非常沮丧，她又误把车钥匙当成门钥匙插进了门锁里，拔不出来了。正在她很吃力地拔钥匙的时候，住在对门的谢尔顿听到声音开门对她说，'你好像有困难。'彭妮说，'我的钥匙插进去拔不出来了。'谢尔顿又问，

第二部分
走出关系困境，让爱在彼此的救赎中浴火重生

'那你知不知道你把车钥匙插进了门里呢。'此时，彭妮还在很费力地拔钥匙，而谢尔顿非常详细地介绍了一下这是什么型号的车钥匙插进了什么样齿的锁孔里。你们对这一幕有什么感觉？"

甄柔嘉颇为不满地说："天啊，这太可怕了！彭妮已经濒临崩溃了，谢尔顿却只是非常冷静地描述钥匙和锁，就像一台冰冷的计算机啊！如果我是彭妮，我真的会崩溃。"

老张点点头，说道："彭妮的确崩溃了。超理智的姿态最显著的特征就是，它具有一种非人性的客观和理智。持有这种沟通姿态的人，会忽略自己和他人的感受。超理智所传递的信息是'在情境面前，我的感受和别人的感受都是不重要的'。"

听老张介绍完，甄柔嘉说："我觉得我和齐维哲前天关于我老板的对话到最后不欢而散，就是因为他用了超理智的沟通姿态，我听得烦，结果他还说我有情绪。"

老张说道："的确存在这个可能，超理智的沟通姿态很容易让听者感到烦躁，也会让听者感觉这个人确实在面对面地和自己说话，但又会感觉他不是在和自己说话，这正是因为说话人忽略了与人的联结。"

听到这里，齐维哲还想为自己辩解一下："可是我并没有忽略她啊，我聊的不也是和她有关的话题吗？"

老张反问："那你留意到甄柔嘉的反应了吗？"

齐维哲说："她是有点不耐烦，但是我觉得她的想法太单纯了，这样很容易吃亏。"

老张不禁长长地"哦"了一声，总结了一下齐维哲的话："因为

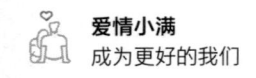

怕她吃亏，所以你想提醒她。"

齐维哲说："是啊！"

老张又问："那你有没有去问问她这个单纯的想法是怎么形成的呢？她有什么理由呢？"

齐维哲想了一下，说道："没有。我才想起来，嘉嘉那天还说了她老板有特殊的经历，但我没听。"

老张对齐维哲说："是的，因为你并没有去了解对方是不是你认为的那样、对方需不需要你的分析，对吗？所以这些分析就成了你单方面的输出。这就是没有和对方的这个人，以及这个人当下的状态建立联结。"

齐维哲点了点头，思索着老张的话。

老张看了他一眼，继续说道："我们再说最后一种沟通姿态，被称为**打岔**。打岔姿态和超理智非常不同，超理智的人通常显得沉默而稳定；处于打岔姿态的人，总是企图从所处的情境中跑开，也因此显得飘忽不定。我的一位来访者曾跟我说，在她的孩子还很小的时候，丈夫工作应酬比较多，回家总是很晚，她对此就颇有意见，希望丈夫能早点回家陪孩子。丈夫听后，感到很有压力。有一天，丈夫回来得还是很晚，我的这位来访者刚想问'你怎么才回来啊'，她丈夫就笑嘻嘻地问她'你买西瓜了吗'。来访者说'没有呀'，丈夫则说'咱家飘散着一股西瓜的清香，真好闻呀'。可见，他成功了转移了我的来访者对于他回家晚这件事的注意。这就是打岔，不难懂吧。打岔所传递的信息是'我、他人以及我们互动的情境背景都是不重要的'。"

第二部分
走出关系困境,让爱在彼此的救赎中浴火重生

甄柔嘉听完感慨不已:"这么一介绍,还真能对应上我们身边的一些人说话为什么那么招人烦了,或是为什么说某个人挺不靠谱的,还真都和这个沟通姿态有关。"

老张点头称许:"是这样的。今天咱们在最开始时一直在说沟通没有在同一个频道上,其实就是各自无意识地处于某种沟通姿态中。这样一来,就难以进行有效的沟通,说着说着就吵起来了。你们看这张表(见表13–1),对这四种沟通姿态的相互冲撞做了概览式总结。"

表 13–1　　　　　　　　沟通姿态冲撞一览表

		沟通姿态冲撞
指责者	讨好者	指责者觉得讨好者没有深刻地理解问题,只是在配合自己,态度上不够端正;讨好者觉得指责者不能理解自己的好意,总是用语言伤害自己,令自己特别难过
指责者	超理智者	指责者觉得超理智者没有强烈的解决问题的态度,总是去谈客观问题,不往自己身上说;超理智者觉得指责者过于强势,不是在解决问题,而是在制造问题
指责者	打岔者	指责者觉得打岔者没有充分重视,未必能真正解决问题;打岔者觉得指责者没有必要大呼小叫的,可以轻松地面对问题
讨好者	超理智者	讨好者觉得超理智者太过于冷血,只是关注解决问题,没有看到自己的妥协,不够重视自己的感受;超理智者觉得讨好者只是在表面上配合,完全没有看到根本问题,难以让问题真正改善
讨好者	打岔者	讨好者觉得打岔者缺乏对自己付出的正面反馈,总是对自己的付出一带而过,因此感到很受伤;打岔者觉得讨好者太过于纠缠感受的好坏了,这样会给自己带来压力,希望对方可以放松一点

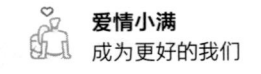

续前表

		沟通姿态冲撞
超理智者	打岔者	超理智者觉得打岔者总是逃避问题，不能直面实际情况，多次要求反而会逃避得更加严重；打岔者觉得超理智者总是过于关注问题，应该让生活过得轻松一点，没必要总是强迫别人去解决问题

齐维哲仔细看过表格后问道："这张表格清楚地列出了不同沟通姿态相互冲撞所产生的效果。我很想知道的是，我们的沟通姿态到底是如何被启动的呢？又该如何避免因为它的启动而导致的争吵呢？"

老张说道："你说的其实是沟通姿态的启动机制，我来和你们聊聊。沟通姿态是一种无意识反应，来自个体的童年时期，是个体在原生家庭中为了更好地应对情境而形成的自我保护机制。个体感觉到压力时，往往会自动化地启动沟通姿态去应对。在处于亲密关系中的双方的沟通姿态都无意识地启动后，如果持续下去，往往就会引发一场争吵。

"不过，沟通姿态相互冲撞的状况并不是不可调整的。启动沟通姿态的过程，就像是雷区被踩后的爆发。在亲密关系沟通中，每个人都有一套天然的压力探测器——个体的感官系统。回顾一下你的体验就不难理解这一点了。在你与对方的沟通中，让你感到压力的往往离不开以下三个方面：

- 看到对方的表情、动作等会让你感到压力，这是来自视觉的压力；
- 听到对方的语音、语调等会让你感到压力，这是来自听觉的压力；

- 对方语言传递的内容会让你感到压力,这是来自知觉的压力。

"因此,要想避免因沟通姿态的启动而导致的争吵,就可以充分运用我们天然的压力探测器,提前对这些让我们在沟通中会感受到压力的雷区加以标记,让亲密关系的双方都能识别出对方沟通的雷区,这样就能有效地减少亲密关系中因为沟通姿态的启动而导致的争吵了。"

齐维哲说:"这样想来,虽然吵架有时是一触即发的,但并不是没有征兆的,还真是离不开你总结的这三个方面。要是能在看到这些征兆后就停下来,就很可能会避免很多的争吵了。"

老张说:"是啊,嘴无禁忌惹是非,在亲密关系中也要多加注意。下面带你们俩玩一个'共探沟通雷区'的小游戏,可以帮你们把这些沟通雷区提前标记出来。我这里有一份沟通雷区清单,你们每人一张,各自填好。"

甄柔嘉和齐维哲接过表格,很快就填好了(见表13–2)。

表 13–2　　　　　　　　沟通雷区清单

沟通雷区	甄柔嘉	齐维哲
视觉方面	冲我瞪眼睛	用手指指我
听觉方面	大声地吼叫	阴阳怪气地说话
知觉方面	• 讨厌说脏话或不礼貌 • 不喜欢别人在自己说话时插话 • 无法接受被人当着特别多的人面开玩笑 • 难以接受别人说话遮遮掩掩,喜欢真诚	• 不喜欢别人说威胁、强迫自己的话语 • 不能接受别人特别多次的重复 • 讨厌别人贬低自己 • 不喜欢别人过分自夸

爱情小满
成为更好的我们

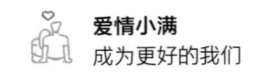

老张继续说道："很好。要知道，每个人自己填写的沟通雷区清单往往会有遗漏或存在盲区，所以现在请二位交换表格，帮助对方补充沟通雷区。"

甄柔嘉和齐维哲互换了表格，相视一笑，很快就填好了（见表13-3）①。

表 13-3　　　　　　　　沟通雷区清单（伴侣补充）

沟通雷区	甄柔嘉（伴侣补充）	齐维哲（伴侣补充）
视觉方面	冲我瞪眼睛	用手指指我
听觉方面	大声地吼叫	阴阳怪气地说话
知觉方面	• 讨厌说脏话或不礼貌 • 不喜欢别人在自己说话时插话 • 无法接受被人当着特别多的人面开玩笑 • 难以接受别人说话遮遮掩掩，喜欢真诚 • 无法接受别人否定自己 • 非常讨厌道德绑架性的说法 • <u>不喜欢熟人透露自己的丢脸的事</u>	• 不喜欢别人说威胁、强迫自己的话语 • 不能接受别人特别多次的重复 • 讨厌别人贬低自己 • 不喜欢别人过分自夸 • <u>不喜欢别人打探自己的隐私</u> • <u>不愿意谈及自己的童年</u>

看到他们补充好了，老张继续说道："接下来，是这个游戏最关键的一步——你们需要拿着对方的沟通雷区清单，做踩雷表达和避雷表达的练习。只有充分地做好这一步，才能真正让这个练习发挥作用。比如，齐维哲拿着甄柔嘉的沟通雷区清单，用'非常讨厌道

---

① 伴侣补充的部分用下划线标记。

第二部分
走出关系困境，让爱在彼此的救赎中浴火重生

德绑架性的说法'作为练习对象。齐维哲说，'我为你牺牲了这么多，甚至离开家乡、离开父母，跟你在一个完全陌生的城市安家，就这一点点小事你怎么就不能为我多考虑考虑呢？！'甄柔嘉要先大声地回应'听到你这样说我感到很难过，也很委屈'，表达自己对于齐维哲的话语产生的直观心理感受，然后反馈自己听到这句话时的心理感受，增加齐维哲的共情性理解。比如，甄柔嘉可以这样说，'我听到这句话后感到很难过，我并不是没有为你考虑过，你这样说好像否定了我曾经为你做的所有。'然后，齐维哲再做避雷表达，'我的父母年纪越来越大，很希望我能多陪伴他们，但是我和他们不在一个城市，不能照顾和陪伴他们，让我感到很内疚，所以我很希望你能理解和体会我的内疚。'对于齐维哲的避雷表达，甄柔嘉要先大声回应，'你这样说我就能理解了，而且我也感谢你为我付出的一切，我一直记在心里。'也就是说，甄柔嘉要先让齐维哲对于这个话语的效果产生直观的心理感受，再反馈自己听到这话时的心理感受，让齐维哲明白避雷表达的效果。甄柔嘉回应说，'听到你说的话，让我知道你把我看得很重要，你在尽你所能地爱我、照顾我，真的为我付出了很多。'经过了这样的操作之后，就可以换甄柔嘉来练习了，方式是一样的。然后就一直这样各自操作一次，直到双方的沟通雷区清单都做完了，这一步就完成了。现在，请甄柔嘉从齐维哲的清单中选择一条来练习吧！"

甄柔嘉和齐维哲立刻就齐维哲清单中的"不愿意谈及自己的童年"这一条练习了起来。

甄柔嘉说道："咱们结婚这么久了，我还是不太了解你的童年经历，难道你不能和我说说吗？"

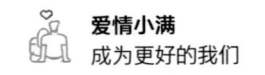

听了甄柔嘉的话，齐维哲大声地回应道："听到你这么说我感到很难过，谈论我的童年经历会让我回想起很多痛苦的事，我暂时还无法面对，我真的希望你在这个部分能理解我、支持我。"

甄柔嘉温柔地说："我一直觉得两个人越亲近就越应该了解彼此的一切，但我现在理解了你为什么不愿意告诉我你的童年经历了，我能够理解你的原因和痛处，我希望以后我可以在这个部分更好地支持你。"

齐维哲大声回应道："哦，原来你是这样想的，是想更多地彼此了解。你能说出愿意在这件事上支持我，我就已经非常感动和满足了。说不定在什么时候，我状态好一些，可以和你聊一些我小时候的开心事。对于童年经历，如果是我主动分享，我就不会有那么多的压力，也不会容易想起那些糟糕的回忆。"

此时，甄柔嘉和齐维哲的表情都变得更加柔和了，彼此间好像有一股暖流在缓缓流动。老张看到这一幕也感觉很欣慰，清清嗓子继续说道："这个步骤练得不错。最后，双方需要进行反思和总结，也就是说说自己有什么感受。"

齐维哲说道："我发现自己经常会说道德绑架的话，可能是因为我从小就被母亲道德绑架，便习惯了这种表达模式。其实我一点都不喜欢这样的表达方式，所谓'己所不欲，勿施于人'，以后我得多加注意，和嘉嘉说话时要尽量避免使用道德绑架的方式。"

听了齐维哲的话，甄柔嘉很感动，说道："做这个游戏让我意识到我之前总听母亲道德绑架父亲，所以我对这种语言方式特别敏感，而且听到母亲这么说我就很生气，却无意识地把这个模式带到了自己的婚姻中。此外，自己好像也有些过于敏感吧，有时对方并不是道德绑架，我也会将其理解成道德绑架。希望我以后不要这么敏感，能让自己放松一些。"

老张说道："很好。可以在生活中经常玩'共探沟通雷区'这个游戏，尤其是踩雷表达和避雷表达的练习，有助于你们了解对方的沟通雷区。接下来，我再把操作步骤简要地总结一下。"

第1步：填写自己的沟通雷区清单（见表13–4）。

填写时，先回忆自己过去被对方或其他人的语言内容、表达方式、态度、措辞等引起强烈情绪的经历，通过回想这些经历能帮助你更好地探知自己的沟通雷区。

表 13–4　　　　　　　　　沟通雷区清单

沟通雷区	A 姓名	B 姓名
视觉方面		
听觉方面		
知觉方面		

第2步：交换沟通雷区清单，帮助对方补充。

帮助伴侣补充沟通雷区清单中的遗漏或盲区，这个步骤能让后面的练习更加充分。

第3步：拿着对方的沟通雷区清单，做踩雷表达和避雷表达的练习。

A拿着B的清单，挑选一个沟通雷区作为练习对象。

先做踩雷表达，即按照这一条的内容，用让对方不舒服的方式

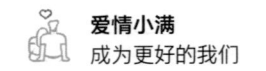

去表达。做完这个表达后，B大声说"哼，这句话让我炸了"，让A对于这个话语及影响产生直观记忆。然后，B再反馈自己听到这个话语的真实感受，让A可以明白自己所受到的实际影响。

接着，做避雷表达，即按照这一条的内容，用能避免让对方不舒服的方式去表达。做完这个表达后，B大声说"呀，这个听着真好"，让A明白这样表达的好处并产生直观记忆。然后，B再反馈自己听到这个话语的真实感受，让A可以明白这个话语的价值和意义。

每做完一条双方就要交换一次，直做将清单上的沟通雷区全都练习完为止。

第4步：经过活动后，双方进行反思和总结。

这是对这个活动的最大化利用，让双方在做完活动后从整体的角度来看待活动中发生的一切，他们往往会产生新的领悟，这些都是宝贵的发现。

老张说："只要多多练习这个游戏，就能让双方了解、记住对方的沟通雷区，通过提升避雷表达的能力便能减少双方的争吵。今天我们的学习内容快结束了，在下次见面之前，请按照下面的指导练习，并尽量凭借直觉来回答各个问题。"

1. 你的伴侣或其他人的哪些语言内容、表达方式、态度、措辞等引起了你强烈的情绪？你有哪些沟通雷区？

_____

_____

第二部分
走出关系困境,让爱在彼此的救赎中浴火重生

2. 你或其他人的哪些语言内容、表达方式、态度、措辞等引起了你的伴侣强烈的情绪?你的伴侣有哪些沟通雷区?

3. 对于你的伴侣的沟通雷区清单,你还能为此补充些什么?

4. 对于你的沟通雷区清单,你的伴侣还能为此补充些什么?

5. 请从你的伴侣的沟通雷区清单中选择一条作为练习对象,你选择了哪条?对应的踩雷表达和避雷表达分别是什么?

6. 请你的伴侣从你的沟通雷区清单中选择一条作为练习对象,他选

爱情小满
成为更好的我们

择了哪条？对应的踩雷表达和避雷表达分别是什么？

_____

_____

_____

7. 这次的内容给你带来了什么启发？

_____

_____

_____

离开前，甄柔嘉总结道："这么说来，要想减少争吵，就需要两个人都不断地注意和练习，才能找到交流的雷区，从而避免沟通雷区。"

老张回答说："没错！这个练习不仅能帮助你们明白如何减少亲密关系中因沟通姿态相互冲撞而引发的争吵，还能提升避开对方沟通雷区的沟通能力。下次见面时，我们将学习讨论处于亲密关系的双方如何才能够彼此照亮，真正成为'更好的我们'。"

齐维哲牵着甄柔嘉的手，眼中充满期待地对老张说："好的，咱们下个星期见！"

第 14 章

未来很长，有你携手前行真好

更好的我们：彼此照亮，共筑美好生活

爱就是照亮对方的生命，会爱就是知道如何去照亮对方。

又到了星期五，这个日子好像有某种魔力，一到这一天，甄柔嘉和齐维哲就非常兴奋和期待。对于甄柔嘉和齐维哲而言，这段时间和老张的相处就像是享受一段美妙的旅程。

最初，他们和老张见面时觉得新奇，老张和他们分享的新知识、新思想给他们带来了不少启发；慢慢地，他们越发觉得生活变得充实、充满了希望，并能在日常生活中运用老张讲的方法和技术以改善亲密关系和生活；现在，他们对每次见面都很珍惜，也觉得这样的见面是一种幸运，更是一种幸福。

齐维哲把车在老张的工作室楼下的停车场停好，和甄柔嘉往楼里走。甄柔嘉边走边说："咱们这一个星期好像都没吵过架呢！这心

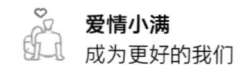

理学、这老张……这……哎呀……"

齐维哲看着甄柔嘉，笑着说："哈哈，你是不是找不到词来形容了？没事没事，一切都在不言中，我懂你想表达的意思。我也有一种很复杂的感觉，有许多感慨，还有许多豁然开朗和幡然醒悟。"

甄柔嘉感叹道："这段时间收获很大，真好！咱们快走几步，老张还等着呢。"

虽然路还是同样的路，但这次好像显得特别短，没走几步就到了。进门时，甄柔嘉瞥见老张已经将泡好的茶放在桌上，茶香弥漫了满屋。

"这次是什么茶啊？这么香？"甄柔嘉问道。

老张看着甄柔嘉笑着说："尝尝吧。"

甄柔嘉和齐维哲端起茶杯，品了品，齐维哲说道："有一股花香、蜜香，是红茶吧，是正山小种吗？"

老张说道："很接近了，确实是花果蜜香的红茶，但不是正山小种，是金骏眉，这可是我的藏货，我平时都不太舍得喝。今天是咱们最后一次探讨学习了，我就把它拿出来了。"

甄柔嘉又啜吸了两口，愉悦地说："确实是好茶，特别香。那咱们这次聊点什么呢？我前几天在家梳理了一下，这冰山形成、冰山结构、冰山冲撞、冰山融合，咱们都聊过了，然后我就想，老张还能再跟我们聊些什么呢。"

老张笑了笑，转而恢复了认真，郑重其事地说道："今天咱们来说说亲密关系的本质。你们觉得什么样的亲密关系才是好的？"

第二部分
走出关系困境，让爱在彼此的救赎中浴火重生

齐维哲接过话茬，说道："冰山融合的亲密关系就是好的啊！"

老张不置可否地说："嗯，冰山融合的确对亲密关系非常重要，但还有一个问题值得我们思考——冰山融合的主要作用是改善分歧，那么这是否意味着如果没有分歧，就是好的亲密关系了？"

甄柔嘉和齐维哲一时语塞，不知该如何回答。

老张继续说道："不急，可以慢慢体会一下。"

过了一会儿，甄柔嘉说道："我有点明白老张要说什么了，这就跟身体健康似的，没有生病不等于身强体壮，祛除负面和走向正面有关系，但本质上并不是一回事。没有分歧的亲密关系是不错，但是我也见过许多没有冲突但是感情也不好的两口子。"

听了甄柔嘉的话，齐维哲点点头，说道："老张，别卖关子了，赶紧说说，怎么才算是好的亲密关系呢？"

老张说："亲密关系中有一个特别重要的部分，咱们还没有聊过呢，那就是爱。没有爱怎么能叫亲密关系呢，对吧？事实上，冰山融合可以用于任何关系，但爱却是亲密关系的独特地基和源动力。两个原本陌生的人为什么愿意走到一起？为什么愿意经历那么多痛苦都不分开？为什么愿意去做冰山融合这些需要大量成长改变的事呢？这都是因为他们相爱啊！不过，**相爱不等于会爱**，如果相爱但不会爱，就会导致生活中出现许许多多的摩擦、分歧和痛苦。"

甄柔嘉一脸不好意思、又有些激动地说："这不就是我和齐维哲之前的状态嘛，相爱但不会爱，爱并痛着，不堪回首啊，太扎心了。多亏遇到老张你啊，现在我们已经不那么痛了。那么，如何才能会爱呢？"

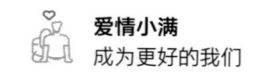

老张一字一顿地说:"如果从萨提亚模式的角度来看'爱',那么我们可以说,**爱是照亮对方的生命,会爱则是知道如何去照亮对方。**"

齐维哲边回味边说:"啊,'照亮'这个词真好……我记得我在和嘉嘉谈恋爱时就对她说过,她的出现点亮了我的生活,还真是这种感觉。当然,后来也不知道是时间长了还是冲突多了,这种感觉就渐渐变淡了。"

甄柔嘉有些心疼地看了看齐维哲,转头又对老张说:"我能感觉到齐维哲说的这一点。从小我的父母就对我管教严厉,我就特别想找一个人让我可以脱离父母,开始自由快乐的新生活。刚刚遇到齐维哲的时候,我的生活确实让我感到自由快乐,我说什么他都支持我。可是,我们结婚以后他就变得越来越像我的母亲,也总是管我,我就感觉自己的生活刚被照亮就渐渐变得灰暗了。因此,我也没少和齐维哲争吵。"

老张接着说道:"是啊,甄柔嘉刚才说的,其实就是亲密关系中个体被照亮和被遮暗的过程。要想说清楚这个过程,我们就得借助理想自我、实际自我和'阴影'的概念,我来把它画出来。"说着,老张拿出一张纸,寥寥几笔就画出了图形(见图14–1)。

老张指着图继续说道:"图中外面大圈表示理想自我的范围,里面小圈表示实际自我的范围,这个月牙形的相差部分就是阴影。也就是说,理想自我和实际自我的差距就是我们对自己生活所不喜欢的方面。如果因为有伴侣的存在,减少了这个差距,阴影小了,就被称作'照亮',此时个体体验到的亲密关系就是好的;如果因为有

第二部分
走出关系困境，让爱在彼此的救赎中浴火重生

伴侣的存在，反而增大了这个差距，即阴影扩大了，就被称作'遮暗'，此时个体体验到的亲密关系就不够好。"

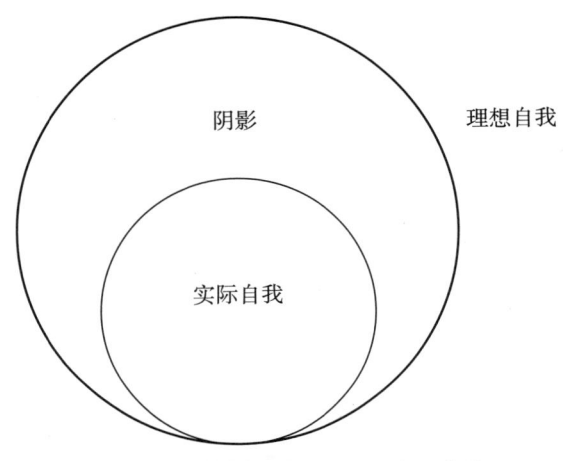

图 14-1　阴影 = 理想自我 – 实际自我

齐维哲看着这幅图，说道："这幅图很形象啊。那就是说，我和嘉嘉刚认识的时候，我对她总是特别支持，所以她觉得我照亮了她，和我结婚了。结婚之后，我确实总喜欢给她建议或管她各种事，她觉得我遮暗了她，于是她总抱怨我，甚至有时会说'有你我还不如自己一个人呢'。"

甄柔嘉非常用力地点着头，说道："你可算是明白了，我都说了好几百遍我在乎什么、我不喜欢什么了，你怎么就听不懂呢？"

齐维哲抱歉地回应说："也不是听不懂，我真的没想到这些事会有这么大的影响啊，我一直以为咱俩就是一般的冲突，没啥大不了的呢，谁知道这些对你这么重要……唉……我记得有一次，你要去

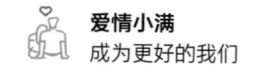

旅行，我非常反对，咱俩大吵了一架，你甚至说到了要离婚，那次你是真的有离婚的想法吗？"

甄柔嘉看着齐维哲说："幸好咱俩现在关系好了很多，否则说起这件事我还得跟你吵起来。当然了，离婚哪有随便说说的，我当时是真的有这个想法。当时我觉得我怎么找了你呢，还不如单身自由呢，我甚至觉得自己当初是不是瞎了眼。后来我没有坚持离婚，一是因为毕竟和你结婚这么久了，我也不想轻易放弃；二是因为我也知道当时咱们手头紧，所以你不让我去也不是无理取闹。不过，我确实因为这件事生了很长时间的闷气。"

看到甄柔嘉释怀的样子，老张点点头，接着说道："关于分手或离婚这件事，如果从照亮或遮暗的视角来看，就是一个人不会让自己一直被遮暗。如果亲密关系的遮暗让他无法忍受，他就会选择离开这段亲密关系，以帮助自己减少遮暗，回到相对更好的状态中去。"

齐维哲有点沮丧地说："原来如此，那真是万幸啊，我当时还傻傻地以为你说的只是气话呢。看来，要是我再继续那么做，还真是很危险啊，我甚至都不知道当时咱们真的处于危机中，现在想想可是有些后怕的。当时真是无知啊，还得多学学才行。"

老张看着齐维哲，安抚道："其实也可以这么想，虽然以前不懂，但是现在懂了，对吧？现在知道了要想亲密关系长久，就需要照亮对方。**被照亮可以让一个人走向更好的自己，而彼此照亮可以让亲密关系走向更好的我们。**如果一个人处于照亮彼此的亲密关系中，就会越发喜欢在这段亲密关系中的感觉，并且会对伴侣产生一起走下去的期待。想象一下,假如从今天开始,甄柔嘉觉得你是照亮她生命的那个人,那么你们的关系会不会更好呢?"

齐维哲恢复了平静,眼神也从沮丧变成了憧憬,铿锵有力地说道:"会,一定会,我相信会的。"

甄柔嘉听到齐维哲的话语,也跟着说道:"我也相信会的,真的,我们一起努力,现在还有了办法,肯定会越来越好的。"

老张笑着说:"这就对了嘛。"

甄柔嘉揶揄地问道:"是不是该给具体方法了?老套路?说吧。"

老张被甄柔嘉突如其来的幽默逗乐了,说道:"对对,没错,老套路,老套路。有一项实用的技术,这个技术可以在短时间内帮助双方提升彼此照亮的能力,我把这项技术叫作'照亮生命能力建设'。"老张拿出一张满是字和一些表格的纸,说道,"来吧,我跟你们说说这项技术的操作步骤,你们一边听一边填写。"

齐维哲和甄柔嘉接过纸,按照纸上的提示,一边沟通一边练习,并把练习结果填入表格中。

照亮生命能力建设

第1步:共同探索彼此的理想自我、实际自我和阴影,并记录到阴影探索清单(见表14-1)中。

照亮和遮暗都是对于阴影而言的,可以借助以下问题探索彼此的阴影。

- **理想自我**:你希望自己是什么样的?

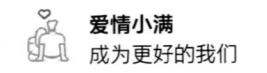

- **实际自我**：你实际上是什么样的？
- **阴影自我**：实际自我与理想自我之间的差距带给你什么感受？

表 14-1　　　　　　　　　　阴影探索清单

	甄柔嘉	齐维哲
理想自我	希望自己可以自由、悠闲地生活，平静、开心地度过每一天，不要被烦心事困扰。有能力作为调节家庭氛围和情绪的人，让彼此都轻松愉快地一起生活	希望自己可以特别强大，能够独立面对所有的难题，还可以帮助甄柔嘉解决问题。同时也希望自己可以很坚强，不要被情绪波动影响，能够泰山崩于前而色不变
实际自我	生活中还有许许多多的烦恼，这些会让我无法获得平静和放松，我也无法很好地调节大家的情绪，总是和齐维哲有一些矛盾和冲突，这种感觉不太好	自己还不够强大，还有许多事情无法独立彻底解决，有时候还会给甄柔嘉增加负担，或需要甄柔嘉帮助。也有一些情绪波动，现在还很难不受影响
阴影自我	总是怀疑自己想要的自由、悠闲、平静、开心是否能实现。每当和齐维哲吵架时，这种感觉就更加强烈。当这种自我怀疑很强烈时，我就会焦虑得吃不好、睡不好，就会让我越发自我怀疑，也越发让我担心，现在还在可控的程度，不知道什么时候会彻底失控	感觉自己做得不够好，时常非常自责，尤其是在甄柔嘉觉得自己做得不好的时候，这种自责就更强烈了。在这种情况下，我就会变得更受情绪波动的影响，陷入一种越来越不好的死循环中，这种状态会让我感到无助和绝望

第 2 步：了解彼此照亮和遮暗的实际情况，并记录到遮暗、照亮情况清单中（见表 14-2）。

双方交流一下哪些行动方式会遮暗对方，哪些行动方式会照亮对方，这样才能深入到实际生活中去探知这个问题。可以问自己以下问题。

- **遮暗：** 对方如何做会让我感到被遮暗（阴影扩大）了？
- **照亮：** 对方如何做会我感到自己被照亮（阴影减少）了？

表 14-2　　　　　　　　遮暗、照亮情况清单

	甄柔嘉	齐维哲
遮暗	对方的以下行为方式会让我陷入严重的紧张和自我怀疑中，并会让自己处于持续的焦虑中： • 和我吵架 • 过分管我、干涉我的生活 • 在我压力很大的时候还不给我放松空间	对方的以下行为方式会让我陷入持续的自责中，甚至会产生抑郁的情况： • 评价我能力不足 • 说我在制造更多问题 • 批评我做得不够好
照亮	对方的以下行为方式会让我减少紧张和自我怀疑，降低持续的焦虑感，让我处于更好的状态： • 平静、温和地和我好好沟通 • 尊重我的意愿和部分生活空间 • 帮我放松，让我开心	对方的以下行为方式会让我减少自责，降低情绪的波动，让我处于更好的状态中： • 鼓励我"吃一堑长一智" • 宽容地对待我的不足 • 给我足够的耐心

第 3 步：共同模拟练习照亮彼此，以提升照亮彼此的能力。

虽然探讨出的内容能帮助双方了解如何照亮彼此，但只有经过实际练习，才能让这种能力真正得以提升。可以参考以下顺序来练习，并把练习的过程填写到提升照亮能力练习记录表（见表 14-3）中。

爱情小满
成为更好的我们

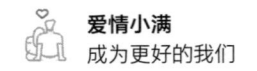

- 回顾过去发生过的遮暗的事情。
- 回忆当时自己的做法。
- 如果是用照亮的方式将如何做？现场实际操作一下。

表 14–3　　　　　　　　　提升照亮能力练习记录表

	齐维哲对甄柔嘉	甄柔嘉对齐维哲
事件	有一次，在迎接一位重要的朋友时，甄柔嘉没有提前问对方吃什么就提前订好了许多肉菜，结果对方是个素食主义者，这让场面非常尴尬	有一次，甄柔嘉让齐维哲替自己买一个急需的东西，结果齐维哲着急出去，忘记带钱和手机，结果没把及时地把东西买回来，耽误了甄柔嘉的事情
过去	你怎么不事先问清楚呀！你脑子里装的是浆糊吗？下次再做什么事，想着把脑子带上	你怎么这么点事都做不好啊，还要你有什么用呢？你是不是干什么都不行啊？我还敢相信你吗
照亮	（平静地说）我事先也忽略了这一点，的确是咱们考虑得不周到，不过这也是很正常的，因为之前很少有远道而来的朋友，以后咱们就能吸取经验教训了，提前多问问就好了（再给一个拥抱）	（理解地说）我确实不太高兴，但今天也确实是我太着急了，你也是为了我急匆匆地就出门了。咱们从中吸取经验教训，以后咱们再有什么事，可以准备好所有东西再去做

这个练习要重复做，照亮对方的能力的提升是没有尽头的，提升得越多，越有利于改善亲密关系。

第 4 步：一起复盘这次练习的收获、自我反思和新计划。

对练习的复盘能帮助你更好地吸收练习的内容，可以将复盘内容填入照亮生命能力建设练习总结表（见表 14–4）中。

表 14-4　　　　　照亮生命能力建设练习总结表

	甄柔嘉	齐维哲
总结	我经常批评齐维哲做得不够好，其实只是希望促进他做得更好，没想到会让他陷入持续的自责和抑郁。以后我要多鼓励齐维哲，多和他共同成长，共同提升能力	我之前给甄柔嘉不小的压力，没有足够尊重她的意愿，没想到这会对甄柔嘉产生遮暗的影响。以后我要多陪着甄柔嘉去放松，去享受生活，尽可能地减少对甄柔嘉的干涉，要好好尊重她

老张说道："以上就是照亮生命能力建设的方法，这个方法能快速地帮助你们拥有照亮彼此的能力，让你们成为'更好的我们'。"

齐维哲感慨地说："要是早点做过这些练习就好了，不过现在好好做练习也不晚。"

甄柔嘉也跟着说："是啊，我也是这么想，真是和这些知识相见恨晚啊，哈哈。我现在就想，我以后可不能再折磨我家齐维哲了，我得爱好他，而且我也相信他会爱好我。"

老张看着甄柔嘉和齐维哲发生了如此大的变化，喜悦地说："是啊，要爱好彼此。**幸福就是从爱好彼此开始的**，我相信你们会越来越幸福的。希望你们以后也能多多练习，最后再留一次作业吧。请按照下面的指导练习，并尽量凭借直觉来回答各个问题。"

1.你的理想自我、实际自我和阴影分别是什么？对你有什么样的影响？

爱情小满
成为更好的我们

_____

_____

2. 你的伴侣的理想自我、实际自我和阴影分别是什么？对伴侣有什么样的影响？

_____

_____

3. 你如何做会让伴侣遮暗（阴影扩大）？你如何做会让伴侣照亮（阴影减少）？

_____

_____

4. 你的伴侣如何做会让你遮暗（阴影扩大）？伴侣如何做会让你照亮（阴影减少）？

_____

_____

5. 你想起了哪件遮暗的事？你在过去是如何表达的？换成照亮对方的方式，你又会如何表达？

_____

第二部分
走出关系困境,让爱在彼此的救赎中浴火重生

6. 你的伴侣想起了哪件遮暗的事?伴侣在过去是如何表达的?换成照亮对方的方式,伴侣又会如何表达?

7. 这次的内容给你带来了什么启发?

齐维哲对老张说道:"放心吧,老张,我们回去后会好好练习的。说实话,最后一次这样聊天了,心里有些舍不得。"

老张也面露不舍,但又马上恢复平静,说道:"我理解,我也是,不过以后又不是见不到了。我真的希望你和甄柔嘉从我们探讨的话题、知识方法中找到力量,让你们可以从两个独立的自我成为'更好的我们',拥有幸福的亲密关系,走向更加美好的生活!"

甄柔嘉和齐维哲异口同声地说:"会的!"

参考文献

[1] 邱丽娃,徐一博.美好生活方法论:改善亲密、家庭和人际关系的21堂萨提亚课[M].北京:中国人民大学出版社,2021.

[2] 约翰·戈特曼,娜恩·西尔弗.幸福的婚姻:男人与女人的长期相处之道[M].刘小敏,译.杭州:浙江人民出版社,2014.

[3] 杰弗里·E.杨,珍妮特·S.克洛斯特,马乔里·E.韦夏.图式治疗:实践指南[M].崔丽霞,译.北京:世界图书出版公司,2010.

[4] 吉塔·雅各布.0次与10000次[M].蔡清雨,译.北京:人民邮电出版社,2021.

后　记

本书的缘起要感谢编辑郑悠然女士。

《美好生活方法论：改善亲密、家庭和人际关系的 21 堂萨提亚课》一书推出后，我们收到了非常多的好评，许多读者表示，他们通过书籍感受到了萨提亚带给生活的变化。还有不少热心读者希望，可以再出版一些关于萨提亚应用类的书籍。

在郑悠然编辑的提议下，本书的两位作者——徐一博和袁媛——开始投入创作。自 2021 年 12 月开始框架构思，经过一轮又一轮的风格选择、框架搭建到不断完善，终于在 2024 年 2 月全部定稿。当我们看到定稿时，发自内心地觉得这两年多的时间是值得的，我们都很喜欢现在的形式和内容。

本书得以问世，还需要感谢一位非常重要的人——邱丽娃老师。作为本书作者的我们都是邱丽娃老师的学生，我们在撰写和优化书稿的过程中，邱丽娃老师给予了我们非常多的帮助。感谢她的大爱和付出！

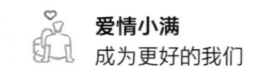

此外，本书是由两位作者共同创作的。虽然写作并非亲密关系，但也是一种非常紧密的关系，我们需要大量的沟通、探讨。我们在一次又一次的沟通、一次又一次对稿子从分歧到共识的探讨中感受到了磨合的力量，也更加坚定地看到了书籍中文字的意义。通过磨合，我们也成了"更好的我们"，也希望能够因此为读者带来更好的作品。

在本书的写作伊始，我们就一直思考这样一个问题：如何才能给读者带来一本有趣、有料又有方法的书呢？

为了实现这个目的，我们打算这样来做。

1. 按照事物发展的过程提供知识和方法，而不是按照概念顺序罗列知识。

如果将厨艺按照火候、烹饪方式、食材处理等概念切割为不同的学习主题，那么即便学会了每个主题，学习者仍然无法做好一道菜，因为学习者无法自行将这些割裂的知识整合为做菜过程的知识。在没有掌握做菜过程的前提下，任何的厨艺知识都没有实际发挥的机会；但是如果按照做菜过程提供所需的技术，学习者就能够快速有效地掌握做菜这件事。

基于以上的认识，我们按照亲密关系发展过程设计了书籍的章节和顺序：

- 多数尚在亲密关系困扰的个体经历了第一部分从一到二（1~7章）的过程，我们在这些章节中介绍了改善亲密关系中常见问题的方法；
- 能够走出亲密关系困扰的个体是因为能够有效地开启书中第二部

分合二为一（8~14 章）的过程，我们在这些章节中给出了如何从两个独立个体走向更好的我们的路径和实现方法。

2. 在故事中提供生活化的智慧，而不是在理论中提供抽象化的观念。

"不要欺骗别人，否则会自食其果"的抽象观念和《狼来了》的寓言故事所提供的知识有什么不同？

抽象观念提供了信息，但是缺乏让信息强烈印入个体大脑的冲击力，缺乏影响个体情感投入的共鸣力，因此也难以进入个体的无意识系统中，难以成为影响个体行动的有效信息。而故事不仅提供了信息，还提供了可以让人代入自身并产生共鸣感的具体情境，通过代入感的身临其境形成强烈的情感冲击以将信息印入个体的大脑，极大地提高了信息进入个体无意识的概率，进而能让信息有效地影响个体的行动。

因此，我们确立了让知识融入故事的内容形态，希望通过故事的发生、发展，让本书提供的知识变得自然、生动、鲜活、有触动力。

3. 提供切实可行的操作方法和练习功课，以帮助读者将知识落地。

知识不落地，学了没意义。对于每一位读者来说，阅读的核心目的是为了通过运用书中的方法，让自己拥有更好的生活。因此，作者不仅有义务传递自己所知道的知识，更要考虑读者如何能将这些知识内化、落地，变为自己的技能。

为此，本书每章都提供了具体的操作步骤和练习功课。如果读者可以按照书中给出的操作方法进行切实练习，就不仅仅是在阅读一本书，而是相当于参加了我们带领的心理学工作坊；如果读者可以按照练习去回顾自身、实际操作，就相当于参与了我们带领的心理成长团体。这样一来，就能最大化地吸收本书的知识，应用于生活。现在来看，我们的写作成果在一定程度上实现了以上目标，但仍与我们的理想存在着不小的距离，我们会继续努力。

关于本书的两位主人公的名字——甄柔嘉和齐维哲，其实出自《诗经》："慎尔出话，敬尔威仪，无不柔嘉。""其维哲人，告知话言，顺德之行。""柔嘉"，意为"柔和、善美"；"维哲"，意为"有智慧"。愿每对相爱之人，都能习得爱的智慧，将善美之心温柔以待。

最后，我们很想说，亲密关系对于每个人来说都是非常重要的，是"过好这一生"这一人生课题的重要组成部分。我们真心希望本书能帮助越来越多的人拥有更加幸福的亲密关系，拥有更加美好的生活。爱情小满，足矣。

北京阅想时代文化发展有限责任公司为中国人民大学出版社有限公司下属的商业新知事业部,致力于经管类优秀出版物(外版书为主)的策划及出版,主要涉及经济管理、金融、投资理财、心理学、成功励志、生活等出版领域,下设"阅想·商业""阅想·财富""阅想·新知""阅想·心理""阅想·生活"以及"阅想·人文"等多条产品线,致力于为国内商业人士提供涵盖先进、前沿的管理理念和思想的专业类图书和趋势类图书,同时也为满足商业人士的内心诉求,打造一系列提倡心理和生活健康的心理学图书和生活管理类图书。

《**美好生活方法论:改善亲密、家庭和人际关系的21堂萨提亚课**》

- 萨提亚家庭治疗资深讲师、隐喻故事治疗资深讲师邱丽娃诚意之作。
- 用简单易学的萨提亚模式教你经营好生活中的各种关系,走向开挂人生。

《**重新定义九型人格:了解性格背后的冲动模式**》

- 风靡全球的性格心理学,HR和管理者必备技能。
- 精准了解自己,洞察他人。
- 发挥性格优势,补足性格短板。
- 萨提亚家庭系统治疗资深讲师邱丽娃倾情推荐。

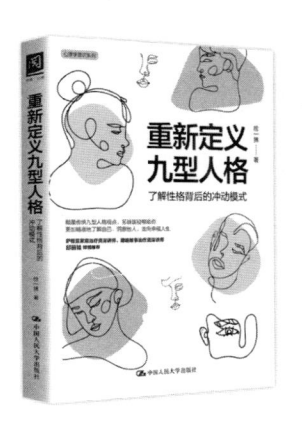

《治愈童年：与你的内在小孩讲和》

- 幸福的童年治愈一生，不幸的童年需要一生去治愈。
- 15个简单易操作的练习，帮你疗愈内在小孩，重拾人生的希望与信心。
- 蔡仲淮、邱丽娃、赵会春、刘志军等推荐。

《依恋效应：为什么我们总在关系中受挫》

- 你是哪种依恋风格？安全型、焦虑型，还是回避型、混乱型？11则真实故事分享，10项依恋功课，36道依恋风格测试，带你从根源上改变生活中糟糕的关系。
- 华中师范大学心理学教授、博导周宗奎，同济大学附属东方医院临床心理科主任医师孟馥联袂推荐。
- 作家、知名媒体人侯虹斌倾情推荐。